Coding Kids

计算机世界大冒险

泰拉与七贤者

テラと7人の賢者

著 ◎ [日] 学研Plus

审 ◎ [日] 兼宗进 [日] 白井诗沙香
[新西兰] 蒂姆 · 贝尔

绘 ◎ [日] 仓岛一幸

译 ◎ 周自恒

人民邮电出版社

北京

～ 前 言 ～

写给小读者们的话

在计算机中，存在着一个十分广大的世界，编程也是其中的一部分。为了让更多的小朋友来探索计算机中的这个神奇的世界，我设计了一套学习方法，名字叫作“不插电的计算机科学”。小朋友们不需要使用真正的计算机，只要用纸质卡片来玩游戏，就可以学习计算机的相关知识。

我之所以要设计这样的方法，是希望那些还不会操作计算机的小朋友们，以及家里没有计算机的小朋友们，也能够借此感受到计算机的神奇魅力。

这本书为“不插电”的理念提出了一种崭新的形式。希望小朋友们能够通过书中这个有趣的故事，来感受计算机科学家的思维方式。

Tim Bell

蒂姆 · 贝尔
新西兰坎特伯雷大学教授
“不插电的计算机科学”主导者

贤者的谜题背后的秘密都在这里……

冒险之书

写给家长的话

这本小册子详细讲解了贤者的谜题的解法以及谜题的含义。在“写给家长的话”专栏中，计算机科学家兼宗老师会讲解读者在每一关中学习了哪些知识，以及这些知识在实际的计算机中是如何运用的。请家长和孩子一起阅读这本册子，通过讨论这些话题调动孩子的兴趣，加深对相关知识的理解。

找出正确的顺序！

不要被人鱼程序媛的外表所迷惑，她其实很狡猾。
下面我们就来讲一讲她给出的3道谜题的解法吧！

第 15 页

这些装备是按照“呼吸管→潜水服→潜水眼镜→潜水手套→脚蹼→氧气瓶”的顺序叠放的。

答案 氧气瓶

第 16 页

<规则>里说：“最后打开的宝箱，也就是装有金币的宝箱，里面没有装钥匙。”因此，没有装钥匙的❺里面装的就是金币了。要打开❺，先要打开❹拿到钥匙；而要打开❹，先要打开❷拿到钥匙。以此类推，按照这样的顺序思考就可以了。

也就是说，我们要按照❶→❸→❷→❹→❺的顺序打开宝箱。

答案 ❶

第 18 页

根据字条上的信息，最先见到的是“鲸鱼”。因此我们可以发现，第一步的前进方向不可能是下图中的A。

鲸鱼后面见到的是“珊瑚”。无论是B还是C，都可以从鲸鱼走到珊瑚，所以我们必须再继续往下看。珊瑚后面见到的是“螃蟹”，在B路线中，可以从鲸鱼→珊瑚→螃蟹，但C路线就不行了。也就是说，B路线是正确的。

答案 ❸号海星

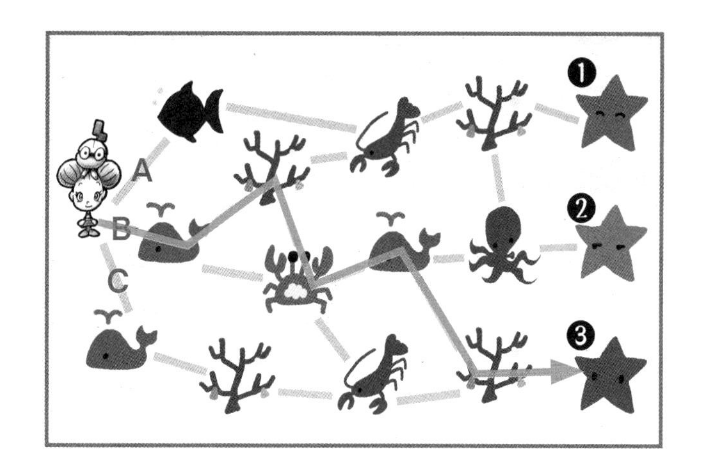

写给家长的话

计算机的程序中包含若干条命令，计算机会逐一执行这些命令。执行命令的顺序非常重要。孩子们在生活中也会接触到一些按固定顺序完成的工作，比如“早上起床后吃早饭、刷牙、穿鞋、出门”。做饭的时候也是一样，但是可能会稍微复杂一点，比如“一边烧水，一边切菜，等水烧开后把菜放进去”。其中，“一边烧水，一边切菜”意味着需要同时执行两项任务，而“等水烧开后把菜放进去”则意味着当条件成立时再继续下一项任务。在这一关中，孩子们需要有意识地考虑顺序的问题，思考“任务的步骤”和“程序”，体验逻辑的思维方式。

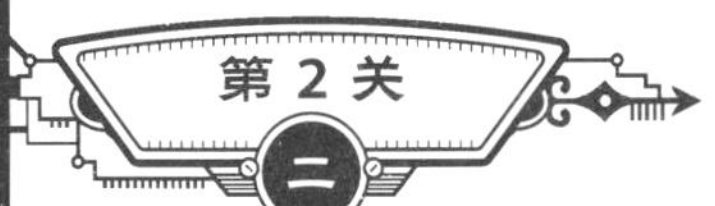

黑白卡片凑数游戏

鲱鱼王子*的卡片，其实代表的是计算机世界中所使用的一种叫作“二进制”的规则。

首先，我们用筒和球来表示平常使用的数字。

这里的筒就代表“位”。

最右边的是“个位”，再往左依次是“十位”和“百位”。

在“个位”的筒里放入球，最大可以表示数字 9。

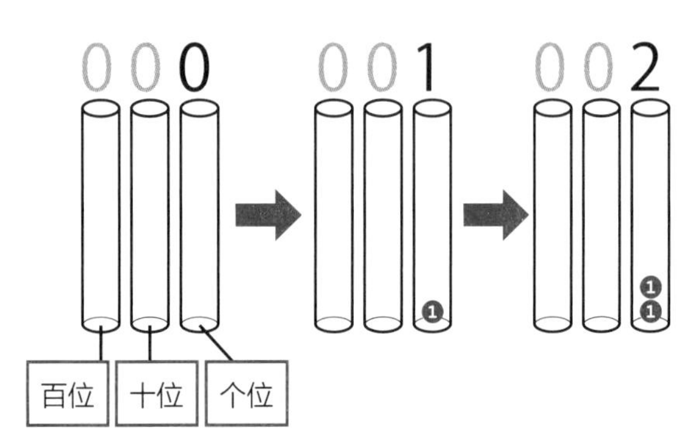

每一位的筒里最多都只能放入 9 个球，因此要表示“10”，就需要在“十位”的筒里放入 1 个球，然后把“个位”的筒清空来代表 0。这就像 10 张一块钱就相当于 1 张十块钱一样。

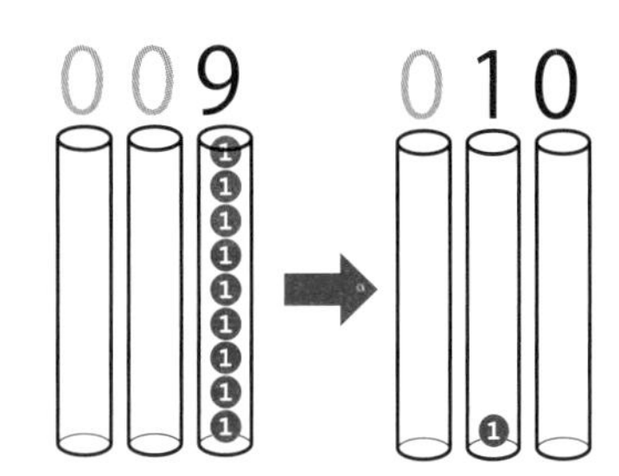

使用“个位”和“十位”最大可以表示的数字是 99。接下来要表示 100，就要在“百位”的筒里放入 1 个球，然后把“十位”和“个位”的筒清空来代表 0。

像这样，“每满十个”就“进一位”的记数方法，就叫作“十进制”。

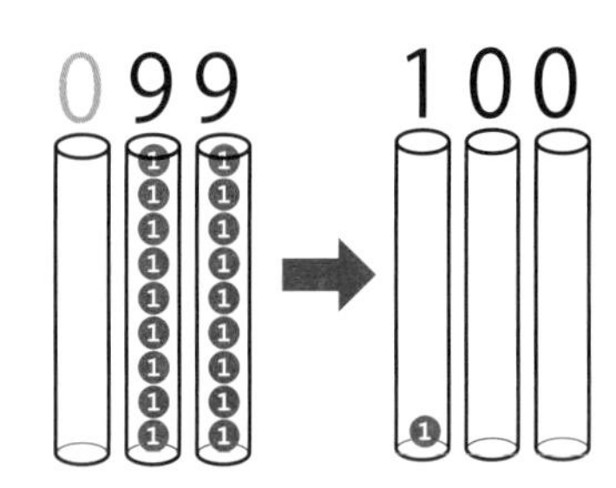

* 在日语中，“鲱鱼”的发音和“二进”的相同。

相对地，计算机世界中是使用“二进制”来表示数字的。和十进制一样，我们也可以用筒和球来表示。

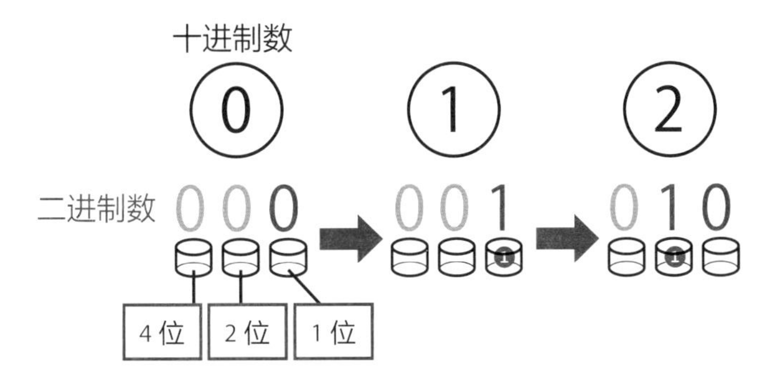

二进制和十进制到底有什么不同呢？

在二进制中，代表位的筒中，最多只能放入1个球。

在“1位”的筒中放入1个球，就相当于十进制中的“1”。现在，“1位”的筒已经装满了，因此，要表示十进制的“2”，就必须在左边的“2位”中放入1个球，然后把“1位”清空。

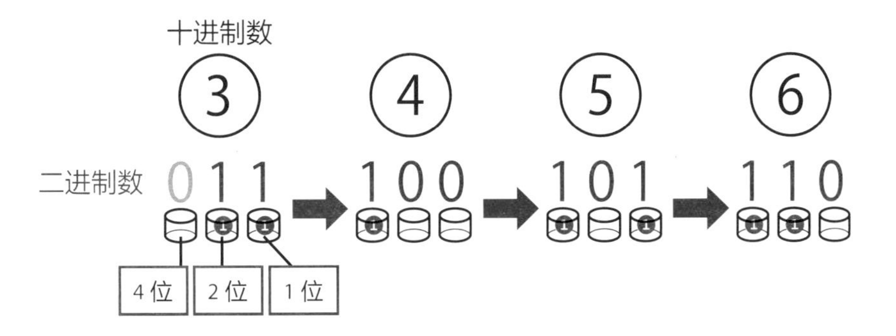

使用“1位”和“2位”，最大可以表示十进制的“3”。

要表示“4”，就要在“4位”放入1个球。

要表示“5”，就要在“4位”和“1位”各放入1个球。

要表示“6”，就要在“4位”和“2位”各放入1个球。

像这样，“每满两个”就“进一位”的记数方法，就叫作“二进制”。

鲱鱼卡片与计算机的秘密

鲱鱼王子的卡片谜题中，就是用黑色卡片代表 0，用白色卡片代表 1，从而表示二进制的数字。卡片上的鱼儿就表示“位”。

如果有 4 张卡片，并且将 4 张卡片都正面（白色）朝上的话，就可以表示十进制的“15”（见下图和下页的图）。

= 8 + 4 + 2 + 1 = 15

此外，如果有 5 张卡片，最大就可以表示“31”，有 6 张卡片最大就可以表示“63”。

也许你不敢相信，其实在计算机世界中，所有的东西都是用“0”和“1”这两个数字来表示的。无论是字符、图片、视频还是声音，全都是用“0”和“1”来表示的。

在计算机中，有电流通过时代表“1”，没有电流通过时代表“0”。用这样的规则就可以表示各种各样的东西，以及执行各种各样的任务。

你家里的个人计算机，也是用上亿个“0”和“1”来工作的哦。

小朋友们平时记数的时候使用的都是十进制，但其实你们也都见过其他一些不同的记数方式。

比如时间，就是按 60 秒为 1 分钟，60 分钟为 1 小时这样的方式来记数的。

这其实就是一种“每逢六十进位”的“六十进制”。

二进制与十进制记数对照表

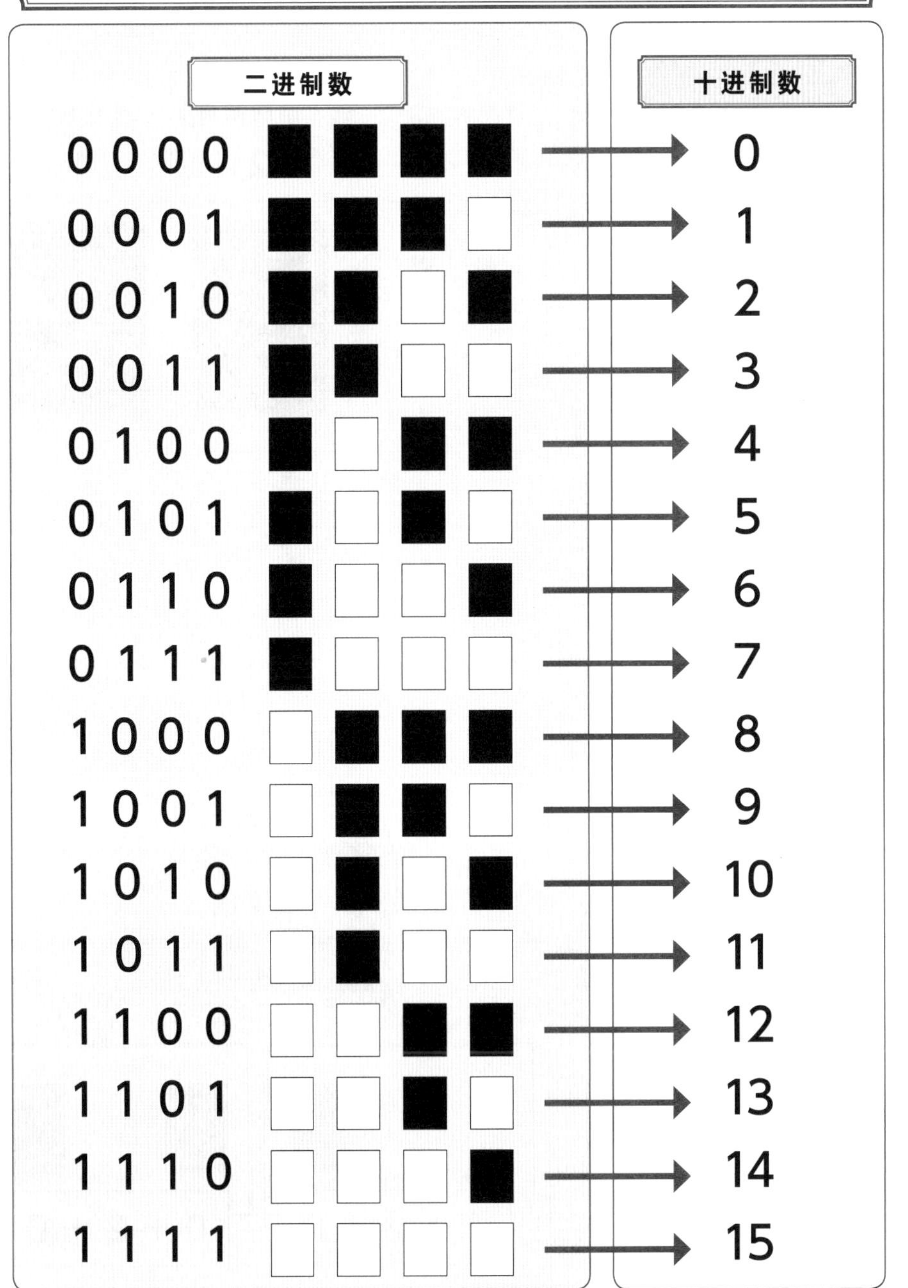

二进制数	十进制数
0 0 0 0	0
0 0 0 1	1
0 0 1 0	2
0 0 1 1	3
0 1 0 0	4
0 1 0 1	5
0 1 1 0	6
0 1 1 1	7
1 0 0 0	8
1 0 0 1	9
1 0 1 0	10
1 0 1 1	11
1 1 0 0	12
1 1 0 1	13
1 1 1 0	14
1 1 1 1	15

了解了二进制的基本知识，我们再来看谜题的解法吧。

第 25 页

谜题是让我们用“4”“2”“1”这 3 张位的卡片来表示“5”。

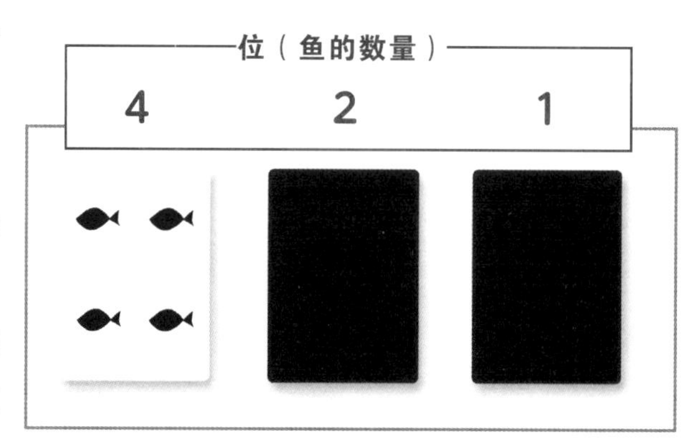

我们只要将需要使用的位的卡片翻到正面（白色），将不需要使用的位的卡片翻到背面（黑色），然后找到一种组合让每个位的数字加起来等于 5 就可以了。

答案

第 27 页

卡片的位是按照从左到右“4”“2”“1”的顺序排列的哦。

答案 左 = 6　右 = 2

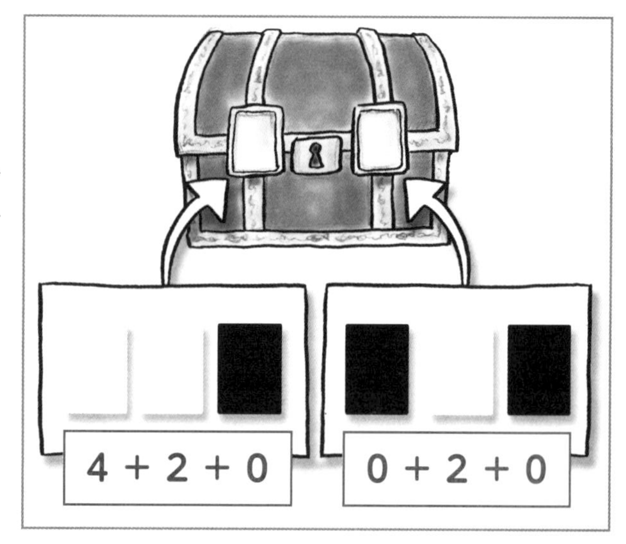

写给家长的话

我们平常生活中都是按照“1”“2”“3”这样一直数到“9”，然后“到 10 就往前进一位”，这样的记数法称为**十进制**。

那么除了十进制，还有没有其他的记数法呢？从历史上看，我们曾经使用过各种各样的记数法。现在，我们也会使用一些十进制以外的记数法。比如数铅笔这种东西的时候，会把 12 个叫作“1 打”，计算时间的时候则是“60 秒为 1 分钟”“60 分钟为 1 小时”“24 小时为 1 天”，等等。

尽管“10”对于人来说比较好数，但如果要把 10 个东西装进箱子里，要么就是“1 行放 10 个”，要么就是“放 2 行，每行放 5 个”，不管怎么放都是长条形的。但如果是 12 个的话，除了“放 2 行，每行放 6 个”以外，还可以“放 3 行，每行放 4 个”，这样用起来可能就会比较方便。

时间也是一样，假设我们的时间是逢 10 进位的，像 30 分这种一半的时间还可以用 5 来表示，但是像 15 分这种四分之一的时间就只能用 2.5 这样的小数来表示了，像 20 分这种三分之一的时间就只能用 3.33333... 这样的循环小数来表示了！

因此，我们会根据情况使用各种不同的记数法，让我们的生活变得更加方便。

■□计算机能处理的数字只有“0”和“1”□■

那么，计算机又是用什么方法来记数的呢？

其实，计算机只能数到“1”，再往上数“2”就要进位了，因此使用的数字只有“0”和“1”两种。这种记数法就称为**二进制**。

计算机是用电工作的。比起判断“导线中流过了多少电”来说，判断“导线中是有电还是没电”要简单得多，电路的设计也会变得简单得多。打个比方来说，就好像我们看到房间里的电灯，要判断“电灯现在的亮度是 10 级当中的第 4 级”好像没有那么容易，但是要判断“亮着（1）还是不亮（0）”就很容易了。

使用二进制记数法，就只需要“0”和“1”两个数字。这让计算机的设计变得简单，但是 1 要表示成“1”，2 就是“10”，3 是“11”，4 是“100”，位数增加得非常快。在计算机中，“整的数”除了 1、2、4 之外，还有 8（1000）、16（10000）、32（100000），接下来是 64、128、256、512。我们经常看到计算机和手机的规格中会使用“64 位处理器”“256 GB 内存”这样的数字，就是因为这些数字在计算机的二进制世界中属于“整的数”。

■□在计算机上体验一下二进制吧！□■

包括二进制在内，本书中所有的谜题都可以通过下面的网站来在线体验（点击“特别说明”中的“开始”按钮）。请家长和孩子一起玩一玩吧。

ituring.cn/book/2854

黑白像素绘画游戏

计算机通过将很多个小格子涂成黑色或白色来表示字符和图像。让我们一边解谜，一边讲解这其中的秘密吧。

第36页、第39页

先来看第36页的谜题。第1行的格子是“黑色2个，白色6个，黑色2个”，相对应的数字是“0，2，6，2”。那么开头的“0”到底是什么意思呢？

让我们看下图（和第35页的图相同）的数字，图❶中从上面数第3行有1个“0”，图❷中则是每一行都有“0”。仔细思考就会发现，如果一行的第1个格子是黑色的话，那么就会在开头加上1个“0”。

❶

❷

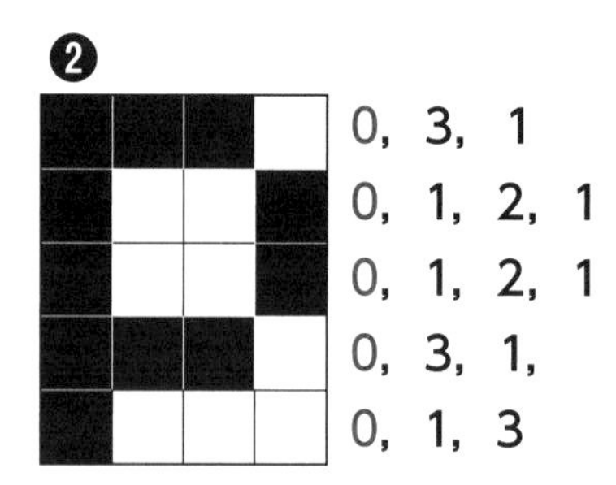

回到刚才的谜题，看第2行的数字，也是以“0”开头的，这代表第1个格子是黑色，于是我们就按照“黑2、白6、黑2”涂色就可以了。第3行也是一样，涂成“黑1、白8、黑2”。

第4行的开头不是“0”，因此需要涂成“白2、黑2、白2、黑2、白2”。

第39页的谜题也用同样的方法涂色就可以了。

答案 第 36 页

第 39 页

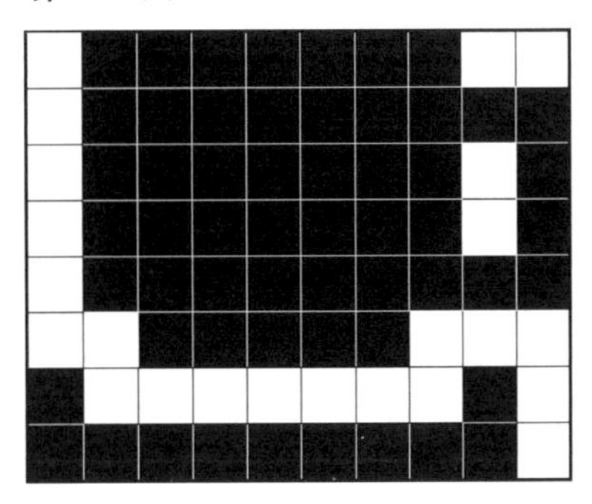

写给家长的话

用数码相机和手机拍照时，照片会以纵横交错的小格子的形式记录下来，其中每个小格子都用数字来表示亮度和颜色。用手机把拍摄的照片发送给家人的时候，其实是将照片信息转化成数字的形式，从自己的手机发送到了对方的手机。对方的手机根据接收到的数字，计算出每个小格子的亮度和颜色，然后再在屏幕上显示出来。

在这一关中，为了更容易理解计算机处理图像的原理，我们减少了格子的数量，并且只使用黑白两种颜色。通过这种方式，**孩子们可以扮演计算机，亲自体验“拍摄照片（在格子上画出图案）”“将格子中的信息转换成数字”“将数字信息还原成格子中的图案”这几种操作**。

在这一关的学习中，如果仅仅用 0、1 来表示黑白两种颜色有点太简单了，因此我们使用了“有几个连续的白色或黑色格子”这样的规则来表示数字。传真等技术中实际上都使用了这种方式。

在纸质文件中，空白的地方其实就是连续的白色，利用这样的性质，传真在通信中就不需要发送“白白白白白……”这样冗长的信息，而是只要发送“500 个白”这样简洁的信息就可以了。

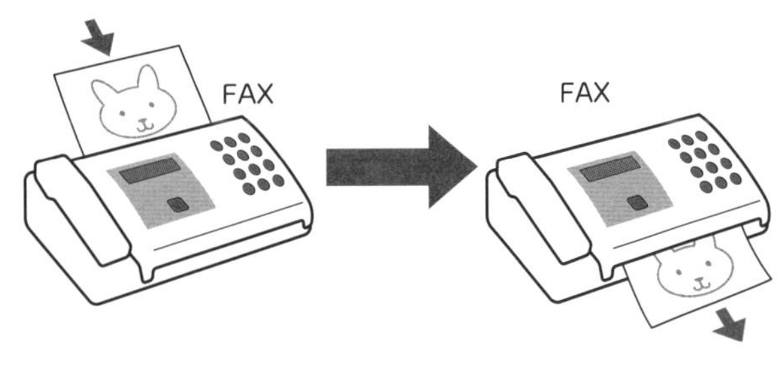

能不能下达正确的命令呢？

要想让计算机按照要求完成任务，就需要下达命令来编写程序。

第 45 页

从起点开始，按照命令中的箭头方向前进。注意每次只能移动一格。把按照命令前进所经过的路线在迷宫上画出来，就是右图中的样子。

第 47 页

用“方向按钮”控制无人机上下左右移动，用“○按钮”抓起，用“×按钮”将抓着的东西放下来。

首先让无人机移动到金币的上方，然后下降到金币处并用○“抓起”金币。然后上升并向左移动两次，再下降，用×将金币“放下”。

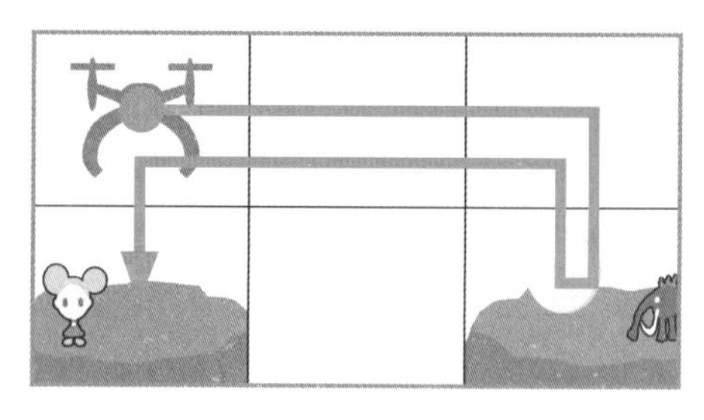

答案

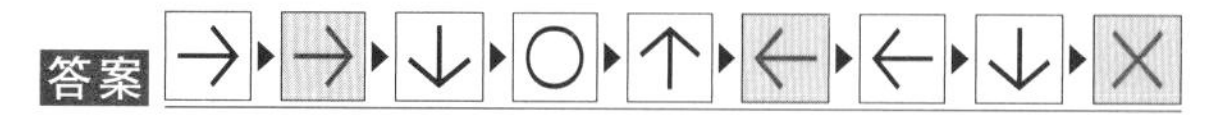

第 49 页

这道题的要点是先抓起眼珠，然后把它放到中间的空地上。然后，到右边抓取金币，移到泰拉所在的地方放下金币，最后再到空地抓取眼珠并还给猛码象。

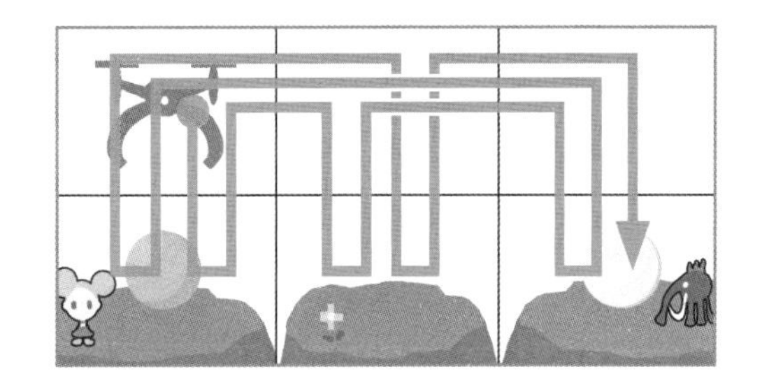

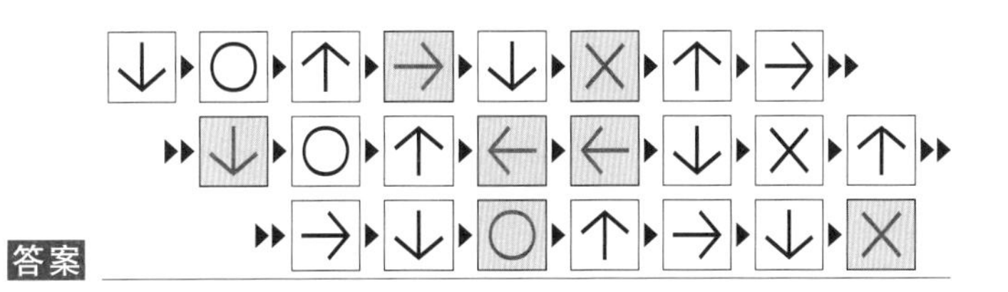

答案

写给家长的话

这一关和第 1 关一样都是学习程序的思维方式。和人不同，计算机只能按照编写好的命令来工作，因此按不同的顺序来下达命令，计算机的实际行为也会不同。比如说，一个走迷宫的程序，如果一开始的“→→”写成了“→→→”，就会因为走过头而撞墙了！

实际的编程软件会更加复杂，这一关我们让孩子体验的是按照顺序逐一执行命令的程序基本形式。

■□在计算机上体验一下命令的谜题吧！□■

包括二进制在内，本书中所有的谜题都可以通过下面的网站来在线体验（点击“特别说明”中的“开始”按钮）。请家长和孩子一起玩一玩吧。

ituring.cn/book/2854

哪张卡片被翻过了？

为了找到数据中的错误，计算机会根据某种规则添加一些数字。

右边图❶是泰拉一开始摆好的卡片。

请注意黑色卡片的数量。

■从上到下各行中黑色卡片的数量是：2、3、3、1、2。

■从左到右各列中黑色卡片的数量是：2、1、4、2、2。

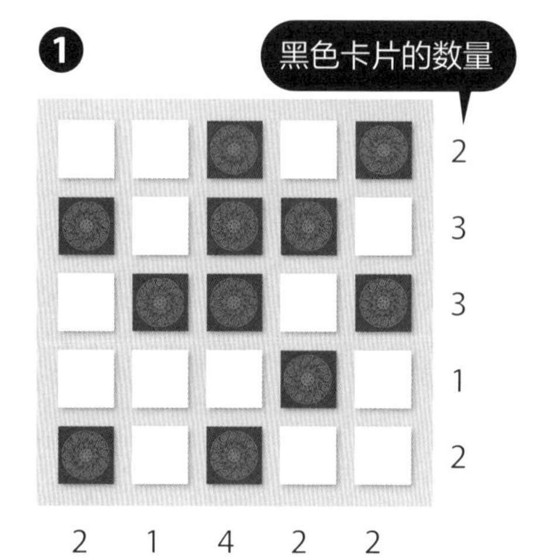

现在，图❷是黑白棋小姐添加卡片之后的样子，我们再来数一下黑色卡片的数量。

■从上到下各行中黑色卡片的数量是：2、4、4、2、2、2。

■从左到右各列中黑色卡片的数量是：2、2、4、2、2、4。

我们可以看到黑色卡片的数量不是2就是4。

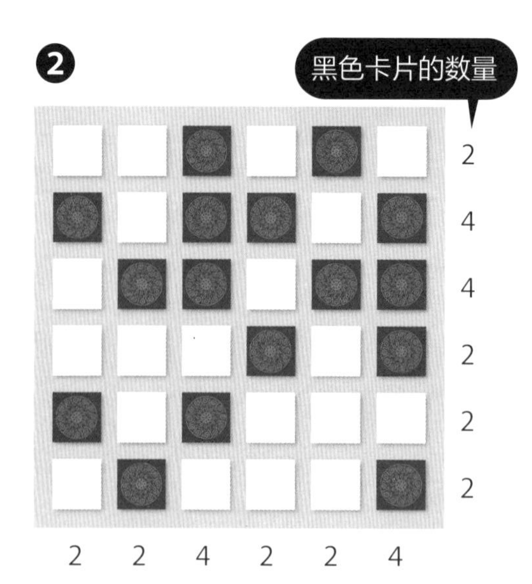

像2、4、6这种数都是“偶数”。偶数是可以按“两个一组”来分的数，也就是能被2整除的数。

像1、3、5这种数都是“奇数”，按“两个一组”来分时会多出一个，也就是不能被2整除的数。

偶数

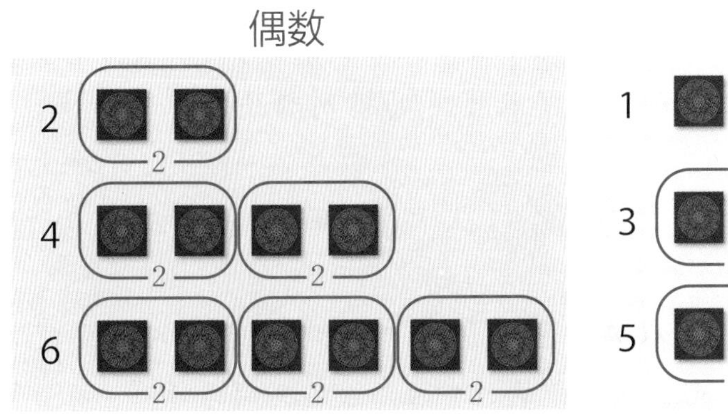

2、4、6可以按“两个一组”来分

奇数

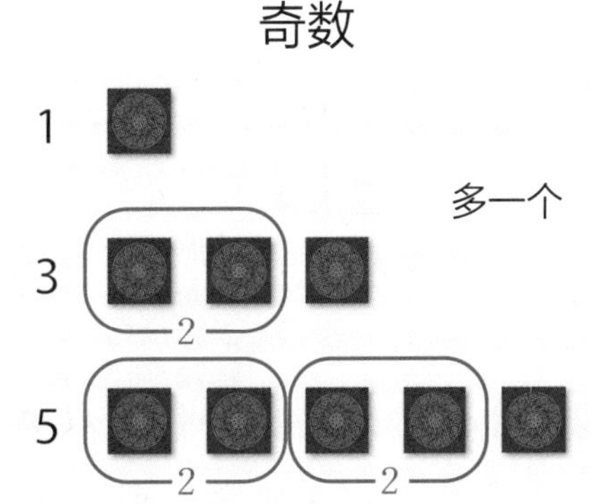

1、3、5不能按“两个一组”来分

黑白棋小姐在添加卡片的时候，会按照图❷的样子，将每一行和每一列中黑色卡片（或者是白色卡片）的数量都凑成2、4、6这样的偶数。

如右边图❸所示，如果其中一张卡片被翻过，那么这张卡片所在的行和列中，黑色卡片的数量就会变成“奇数”。因此，被翻过的卡片的位置就清楚了。

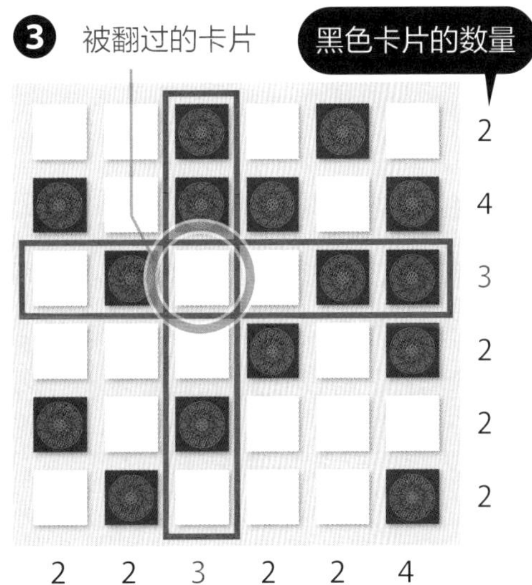

知道了其中的原理，就让我们用本书中附带的卡片，挑战一下黑白棋小姐的魔术吧。

■□魔术的玩法□■

❶ 首先，把 25 张卡片交给另一个人，请他按照“5 行 5 列”的方式摆放卡片。你可以说：“为了让卡片的排列顺序更难记一点，你要尽量打乱哦。”

当对方摆卡片的时候，把剩下的 11 张卡片拿在自己手里。

❷ 对方摆好之后，你可以装作很惊讶的样子说：“还真的是挺乱的啊。”然后再加一句：“不过，再增加点难度也无所谓哦。”

这时，将手里的卡片添加到每一行每一列的后面，使得每一行每一列中黑色卡片的数量为“偶数”。

如果像右边的例子这样，一行中 5 张卡片都是相同颜色，那么如果都是黑色就加 1 张黑色卡片，如果都是白色就加 1 张白色卡片。

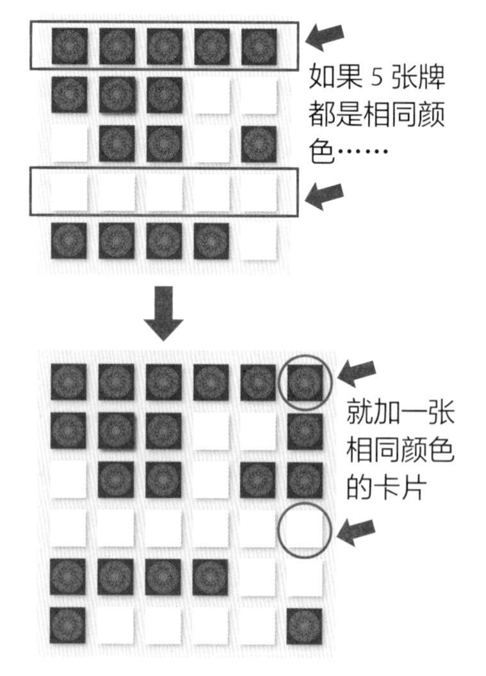

❸ 加好之后，跟对方说："现在我转过身去，你随便挑一张卡片，把它翻过来。"

❹ 确认对方翻好卡片之后，仔细观察卡片，找到 1、3、5 这样的"奇数"行和列，这样就可以迅速找到被翻过的卡片了。

对方一定会大吃一惊的~♪

写给家长的话

计算机会通过网络传送大量的数据。比如说用手机发送一张照片，就相当于发送了大约几万字的信息。对于如此大量的数据，如果其中有一部分数据没有正确传送也很难被发现。于是，计算机在通信中会"**随着要传送的数据，一起传送一种用来校验数据是否正确的数据**"。

在这一关中，黑白棋小姐就是在泰拉原本摆放的卡片后面又加上了**校验卡片**，从而找出了被翻过（**也就是出错的数据**）的卡片。

这种技术不仅用于计算机的通信中，还用在商品上贴的条形码中。

条形码用黑色的细线来表示商品编号的数字。如果因为污渍让两条线之间的部分变黑，或者是因为刮擦让黑线变白，有时就无法读取出正确的数字了。商品的条形码有 13 位数字，其中表示商品编号的只有前 12 位，最后一位就是校验码。这和黑白棋小姐的魔术原理一模一样呢！通过这样的方式，商店收银机的扫描器就可以检查条形码的读取是否正确了。

怎样确定犯人是谁?

决策树只能回答“是”或者“否”。
其实，计算机也只能回答“是”或者“否”。

第68页

要想猜出决策树的朋友是谁，也可以一个人一个人地问“是不是这个人?”总会得到正确答案，但是还有一种能用更少的问题得到答案的方法。

那就是仔细观察图片，选择那些能够让“候选朋友”，也就是有可能是朋友的人的数量减半的问题来提问。

比如说，如果我们知道“住的地方”是“森林”还是“大海”，由于住在“森林”的有4个人，住在“大海”的也有4个人，所以无论如何都可以将候选数量从8人减少到4人。

在这个谜题中，我们可以按照下面的方法来减少候选朋友的数量。

A“住在森林里吗?”→是→候选朋友减为4人（❶❷❺❼）。

B“戴帽子吗?”→否→候选朋友减为2人（❷❺）。

C“手上拿东西吗?”→是→确定唯一的人（❺）!

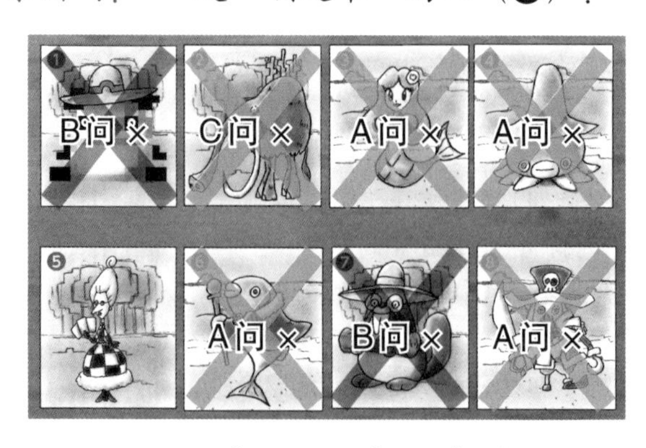

因此，只要按问题编号“1、3、5”或者“2、3、5”提问，就可以确定哪个人是决策树的朋友了。

如果候选的每个人都完全不同，那这个方法就不管用了，但只要其中一些人具有一些相同的特点，这种方法就能够派上用场。

此外，像“拿着剑吗？”这样的问题，只能对应其中的一个人，如果猜中的话那可能很走运，但如果猜错的话，候选数量只能减少一个，因此不算是一个好问题。

答案 ❺

第 70 页

这个谜题的思路也是一样的。虽然候选数量从 8 人变成了 16 人，但只要通过提问减少“可能是犯人的人”的数量就可以了。

1、7、8 号问题无法减少候选数量，因此将它们排除。

5、6 这两个问题，选择其中一个提问就可以了。

答案 ❾

写给家长的话

在候选的犯人有 8 人的情况下，如果按照“1 号是犯人吗？”“2 号是犯人吗？”这样的方法一个一个去问，最终也能找到犯人是谁，但最坏的情况下需要问 7 次（如果 1 号到 7 号的答案都是“否”，那 8 号就是犯人）才能得到答案。

那有没有更好的方法呢？如果回答“是”或“否”可以让候选犯人的数量减少一半，那么问完第 1 个问题就剩下 4 人，问完第 2 个问题就剩下 2 人，问完第 3 个问题就只剩下 1 人了，因此只要问 3 个问题就必定能找到犯人！

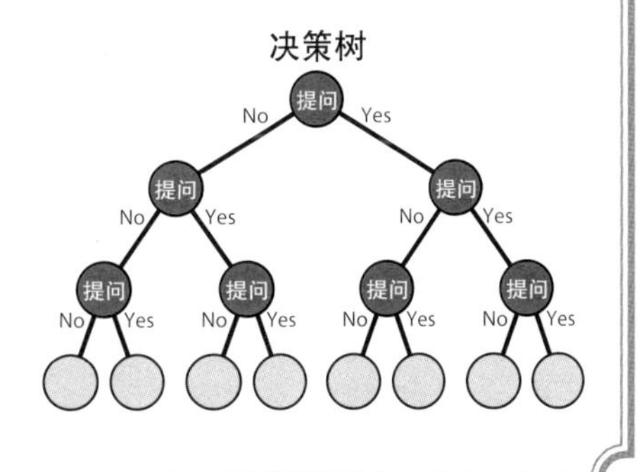

像这样能够一半一半排除候选的提问方式效率很高，有点像是把一棵树倒过来的样子，因此被称为**决策树**。

破解排序机的秘密

要将数字进行排序，就需要比较数字的大小。1台计算机每次只能比较1组数字的大小，但如果有3台计算机的话，就可以同时比较3组数字的大小了哦。

第78页～第79页

对于泰拉来说，把6枚金币按照数字从小到大的顺序排列是很容易做到的。但是，对于计算机来说，必须要编写命令逐一比较数字的大小，才能完成排序的工作。

排序蛙的机器的原理，就是通过反复进行数字的一对一“大小比赛”，最终将数字按照从小到大的顺序进行排列。

看右页的图。第1回合同时进行3场比赛。这时如果使用3台计算机的话，就可以同时完成这3次比大小的工作。接着，每场比赛中较大的数字沿着箭头方向往下走，而较小的数字则往上走。

第2回合和第3回合也都是同时进行3场比赛。

第3回合中，最下面的比赛中较大的数字，一定是6枚金币中最大的数字。此外，最上面的比赛中较小的数字，一定是6枚金币中最小的数字。

接下来的比赛就要确定中间这些数字的顺序，其中第4回合有2场比赛，第5回合有1场比赛，这样就确定了所有数字的顺序。

只要确定的规则并编写正确的命令，计算机就能自动完成排序，这就是计算机的优点。

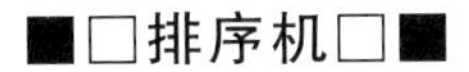

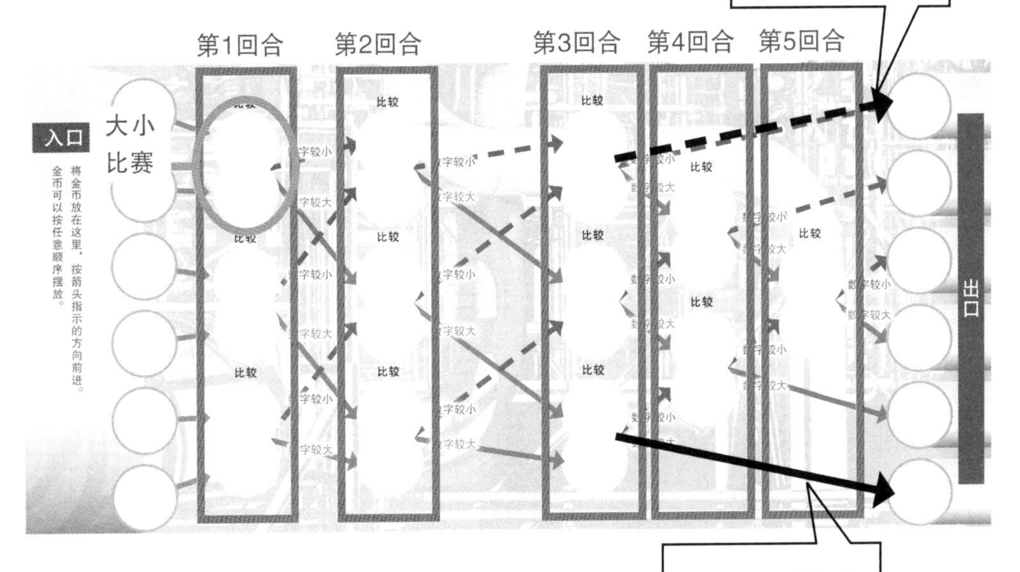

写给家长的话

手机中的通讯录，音乐播放器中的艺术家列表，都可以按照名字的拼音或 ABC 字母顺序来排序，使用起来非常方便。如果排序乱七八糟，就很难找到某个联系人或某首想听的歌了。因此，像手机和音乐播放器这样对数据进行排序，就是计算机的一项非常重要的工作。

计算机在对数据进行排序的时候，会反复进行“**取出两个数据并比较哪个更大**”的操作。在这一关中，通过 3 台计算机协同工作，第 1 回合同时进行 3 次比较，第 2 回合同时进行 3 次比较，像这样进行下去，只需要 5 个回合就可以完成对 6 个数据的排序。在计算机程序中，只要将“比较两个数据哪个大”这样的简单操作进行恰当的组合，就可以实现“按姓名顺序排序”这样有意义的功能。像这个排序的例子中这种“解决问题的步骤”就称为**算法**。

答案 贤者的挑战书

人鱼程序媛的挑战书

只要戴上其中一种潜水眼镜，那么能选择的脚蹼种类就是确定的。

答案 ❸

鲱鱼王子的挑战书

我们可以考虑每种面值的纸币都各使用 1 张的情况下，如何组合出各种不同的价格。如果将价格用二进制表示的话，结果是什么呢？

答案 ① 面包：1 张 2 鲱鱼，1 张 4 鲱鱼

② 牛奶：1 张 1 鲱鱼，1 张 8 鲱鱼

③ 肥皂：1 张 2 鲱鱼，1 张 4 鲱鱼，1 张 8 鲱鱼

像素熊猫的挑战书

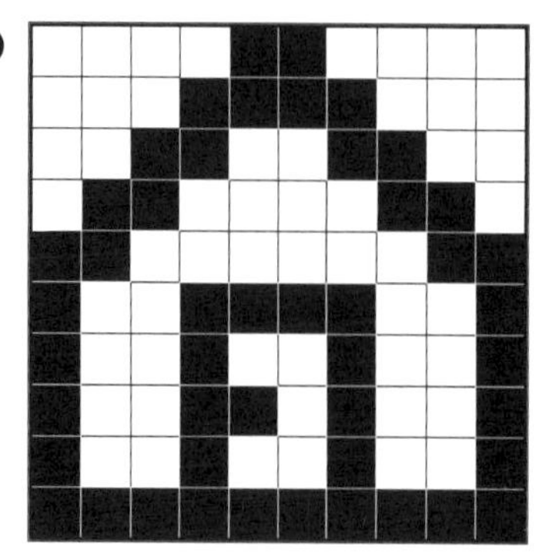

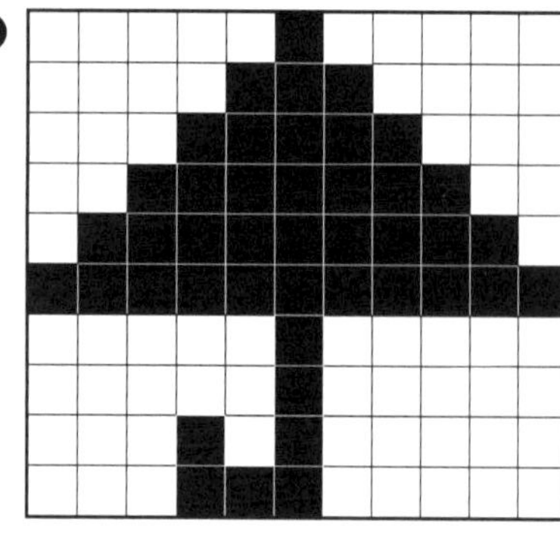

决策树的挑战书

答案 ④

猛码象的挑战书

3 条路线中，能够捡到香蕉、苹果、葡萄各一份的路线只有一种。

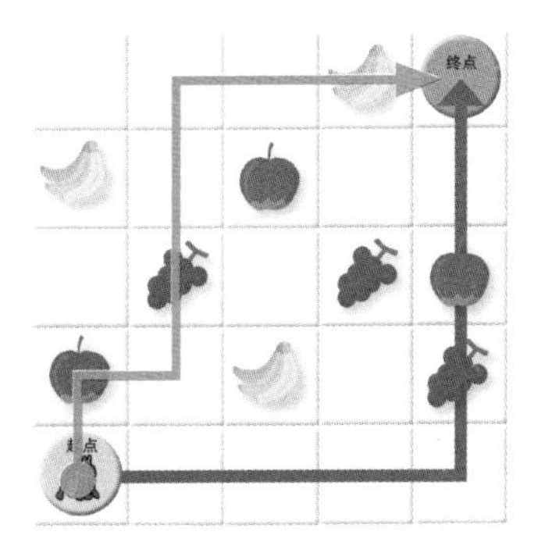

答案 ①

排序蛙的挑战书

这台机器中，“数字比较大小”的操作一共进行了 15 次。

这台排序机和第 78 页的机器一样，也可以通过使用 2~3 台计算机同时处理“比较数字大小”的操作，从而提高排序的速度。但是，和第 78 页的机器相比，这台机器的比较次数更多。通过这个例子我们可以发现，排序的原理（算法）不同，排序所花费的时间也会不同。

答案 15 次

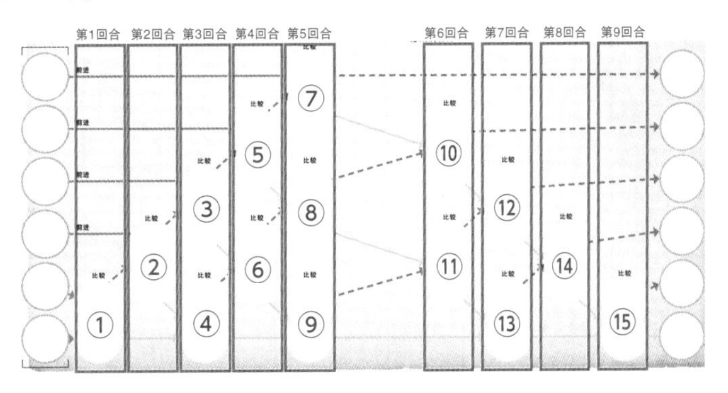

计算机世界大冒险

泰拉与七贤者

テラと7人の賢者

写给家长们的话

现在的孩子们都是在各种计算机的包围下长大的。对于他们来说，理解计算机的原理变得愈发重要。要理解计算机的原理，既要学习编写程序，也要学习计算机科学。

本书是一本以“不插电的计算机科学”（Computer Science Unplugged）为主题的故事书。“不插电的计算机科学”指的是一种借助纸质卡片等形式来学习计算机科学的方法。通过本书，小朋友们可以一边阅读有趣的故事，一边思考和学习计算机科学的知识。

希望小朋友们能够和主人公泰拉一起破解谜题，从中体会到计算机科学的乐趣。

兼宗进　大阪电气通信大学教授

白井诗沙香　武库川女子大学助教

【致谢】

下列人士在本书的执笔过程中提供了重要的帮助。

蒂姆·贝尔博士为本书撰写了精彩的前言。日本大学文理学部的谷圣一老师、松阪市立饭高中学的井户坂幸男老师、福冈工业大学短期大学部的石塚丈晴老师等国际信息学奥林匹克竞赛日本委员会的各位成员为本书提出了宝贵的建议。此外，还要感谢大阪电气通信大学研究生本多佑希同学为本书开发配套线上内容。

这本书该怎么玩?

这是一本“解谜书”。主人公“泰拉”不小心掉进了计算机世界，我们要跟着泰拉和“比特”一起迎接贤者们的挑战，帮助他们破解各种“谜题”哦。

?

这里有一些叠放在一起的潜水装备。

我们必须按照从上往下的顺序一件一件地拿出来。

那么，**最后拿出来的应该是哪一件呢?**

标有问号（?）的地方就是贤者给出的谜题，请你跟着泰拉一起想一想吧。有些谜题需要使用书里附带的卡片，还有一些需要用笔来写答案哦。

提示 ★先自己思考一下，再来看提示哦!

这个嘛……第1个拿出来的应该是放在最上面的东西，是呼吸管!

接下来呢……是潜水眼镜? 不对，再仔细看看潜水眼镜边角的地方，潜水服好像在它上面呢……

这样的话，第2个拿出来的应该是……

15

如果你觉得这道题有点难，可以看一看谜题下方的“提示”。想出来之后，就翻到下一页看看答案对不对吧。

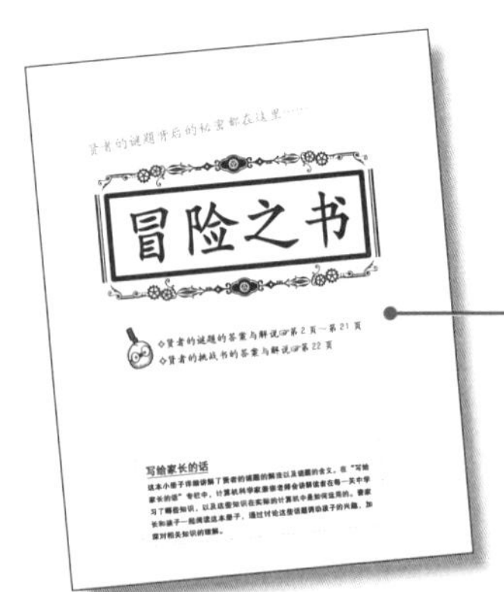

本书附带的小册子《冒险之书》里面有一些破解谜题的提示，还有一些能够让你对计算机世界更感兴趣的小秘密哦。

目录

“贤者的谜题”网站

小朋友们还可以在计算机上挑战贤者的谜题哦。
和爸爸妈妈一起打开下面的网址试试看吧！

ituring.cn/book/2854（点击“特别说明”中的“开始”按钮）

写给家长的话

计算机版“贤者的谜题”是为了用网页浏览器来体验本书中的谜题而设计的。要使用这一内容，需要装有网页浏览器的台式计算机或平板计算机，并需要访问互联网。

今天学校放假。

泰拉正在家里和她的小猫“阿咪”一起玩。

阿咪和泰拉一个跑一个追。

泰拉跑进爸爸的房间一看，

阿咪正要往爸爸的计算机上跳。

泰拉急忙伸手去抓阿咪，
没想到阿咪“嗖”地一下，
就跳到了计算机键盘上。

正当阿咪的爪子按下键盘的一刹那，
计算机发出了一阵奇怪的响声。

轰——

突然间，房间的正中
出现了一个旋涡状的图案，
泰拉还没来得及搞清楚状况，
就被旋涡吸了进去。

泰拉醒过来的时候，

发现自己正站在一个陌生的地方。

“这里是……什么地方啊？”

泰拉不停打量着周围——

这是一个有大海、高山、草原和森林的世界，

她还看见一些奇怪的生物在走来走去。

一切来得太突然，泰拉站在那里不知该怎么办。

“这个世界一定有出口。”

泰拉回过神儿来，打算去寻找出口。

这时，她听到有人在说话。

泰拉回头一看，

空中飘浮着一个圆圆的奇怪物体。

它长着一双大大的眼睛，正盯着泰拉看个不停。

泰拉小心翼翼地说道：

“我叫泰拉。

你叫什么名字？”

“我叫比特。

我是机器人。

这里是位于计算机内部的

‘数码世界’哦。”

“难道说……我跑到爸爸的计算机里面来了?!
这可怎么办啊……
我要怎样才能回去呢?你能告诉我吗?”
“我也不知道呢……”
比特满脸遗憾地说。

“不过,我身上有一个‘传送装置’,
似乎可以通往你们的世界。”
说着,比特转了过去,让泰拉看它的背面。

比特的背面,
有 4 个 △
形状的按钮。

“这就是‘传送装置’?”
“对,不过现在按了也不管用。
这个数码世界的创造者名叫‘七贤者’,
只有集齐他们手上的‘魔法金币’,
并前往‘传送神殿’,
才能启动我身上的‘传送装置’……”

听到这些，泰拉立刻激动起来。

“我现在就要去找七贤者！”

比特有点慌张地说：

“……我、我来帮助你吧！”

泰拉一下子抱住了比特圆圆的身体。

“谢谢你，比特！”

比特发出了一串奇怪的声音。

“比特，去哪里才能

找到你说的七贤者呢？”

“这座城镇的郊外有一片海滩，

美人鱼贤者——人鱼程序媛就住在那里。

我们先去找她吧！”

找出正确的顺序！

泰拉和比特来到了郊外的海滩。
他们走到海边，
看到海里好像有什么在游来游去。
仔细一看，居然是一条美人鱼。

“你好，请问你是贤者吗？”
泰拉问道。
“是哦，
传说中的‘人鱼程序媛’就是我。”
美人鱼一边用尾巴

啪！

拍打着水面，一边回答道。

“我叫泰拉，它叫比特。为了回家，我们正在收集魔法金币。你可以把金币交给我吗？”

“金币……？”

人鱼程序媛稍微想了想，说：

“我给你们出一道‘谜题’，如果你们能答出来，金币就归你们了。”

“谜题？！”

泰拉和比特互相看了看对方。

美人鱼坐在旁边的一块岩石上说道：

“数码世界的贤者都特别喜欢谜题。你们想要金币的话，就要答题哦。”

听到这些话，泰拉和比特都感觉有点不知所措。

美人鱼继续说道：

“金币就在海底，先来做好潜水准备吧！”

“在数码世界中，顺序是非常重要的。
搞错了顺序的话，这个世界就会变得乱七八糟。”

人鱼程序媛把潜水装备摆在了沙滩上。
“这就是谜题啦♡”她俏皮地眨了眨眼睛。

这里有一些叠放在一起的潜水装备。
我们必须按照从上往下的顺序一件一件地拿出来。
那么，**最后拿出来的应该是哪一件呢？**

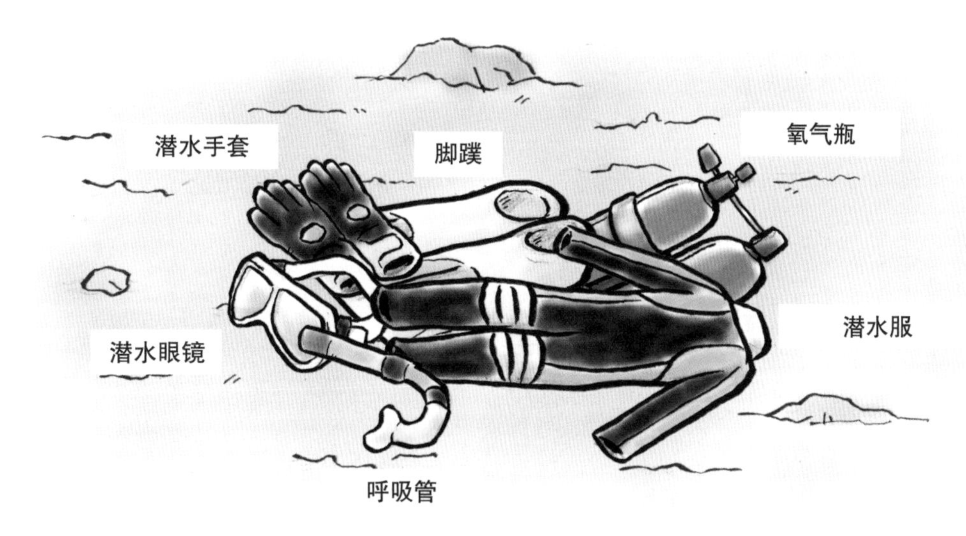

提示★先自己思考一下，再来看提示哦！
这个嘛……第1个拿出来的应该是放在最上面的东西，是呼吸管！
接下来呢……是潜水眼镜？不对，再仔细看看潜水眼镜边角的地方，
潜水服好像在它上面呢……
这样的话，第2个拿出来的应该是……

▶本题讲解参见《冒险之书》第2页

“答对啦！”

人鱼程序媛微笑着说道。

“你们赶快潜到海里吧。

装有金币的箱子已经沉到海底去了。

请你们**按顺序**打开 4 个装有钥匙的箱子，

把金币找出来吧。”

请仔细阅读下面的＜规则＞和＜宝箱字条＞，

打开宝箱，拿到金币吧！

应该最先打开哪个宝箱呢？

＜规则＞

- 最先打开的那个宝箱没有上锁。
- 正如字条上所写的一样，每个宝箱中都装有另一个宝箱的钥匙。
- 最后打开的宝箱，也就是装有金币的宝箱，里面没有装钥匙。

提示 ☆先自己思考一下，再来看提示哦！
因为装有金币的宝箱里面没有装钥匙，所以装有金币的宝箱就是❺咯。
要打开这个宝箱，就需要❺的钥匙，也就是需要打开❹号宝箱。
按照这个顺序思考，应该最先打开的宝箱就是……

应该最先打开
❶号宝箱！

▶本题讲解参见
《冒险之书》第2页

“完全正确！呵呵。”

“可是……”泰拉噘着嘴巴说，“这里面装的根本不是金币，而是钻石戒指啊！”

“露馅啦。”人鱼程序媛俏皮地吐了一下舌头。

“哎呀，话说那枚金币，好像是放在我的朋友海星先生那里了呢～♪”

“什么?!好狡猾呀！”

去找有金币的海星时，路上会见到一些东西，下面这张字条上按顺序画着路上所见到的东西。

按照这张字条的提示，沿着　　的路线前进，**最终会到达❶～❸中哪只海星呢？**

提示 ★先自己思考一下，再来看提示哦！

先按顺序看一看字条上面画的东西吧。
字条上第 1 个见到的东西是“鲸鱼”，而第 1 个会见到鲸鱼的路线有两条。
鲸鱼的后面见到的是“珊瑚”，而到达海星之前也会见到“珊瑚”，
沿着这条路线走的话……

是❸号海星！

▶本题讲解参见《冒险之书》第 3 页

“没错！太棒了！”

人鱼程序媛从海星手里拿回了金币，然后把它交给了泰拉。

“你真的很努力，我很喜欢你哦！”

谢谢！

拿到了第 1 枚金币，泰拉变得精神起来。她问比特：“比特，接下来我们应该去哪儿？”“沿着这片海滩再往前走一点，有一块住着鲱鱼族的大岩石，在那里也许会遇到贤者。”

于是，泰拉和比特朝着大岩石的方向进发了。

如果你还想挑战更多的谜题，请翻到第87页试一试“贤者的挑战书”哦！

第2关

二

黑白卡片凑数游戏

终于到了鲱鱼族居住的大岩石，不远处有一艘船的残骸。

“快看，那里有艘船呢。”正说着，从船里

嗖——

地一下喷出一股水流，然后从水里冒出了一条戴着王冠的鱼。

“你就是贤者吗？”

“没错，我就是鲱鱼王子。你们是谁？”

“我叫泰拉，正在收集魔法金币。王子殿下，能不能把你的金币交给我呢？”

“嗯……你有没有与金币相称的智慧呢？让我出一道谜题来考考你吧。”

说着，鲱鱼王子拿出几张神奇的卡片。这些卡片的正面是白色的，上面画着若干条鱼。把卡片翻过来一看，背面全都是黑色的。

请你把书中附带的卡片撕下来，一起试试看吧。

“在数码世界中，

0、1、2、3 等数字是像下面

这样用黑白卡片排列起来表示的。

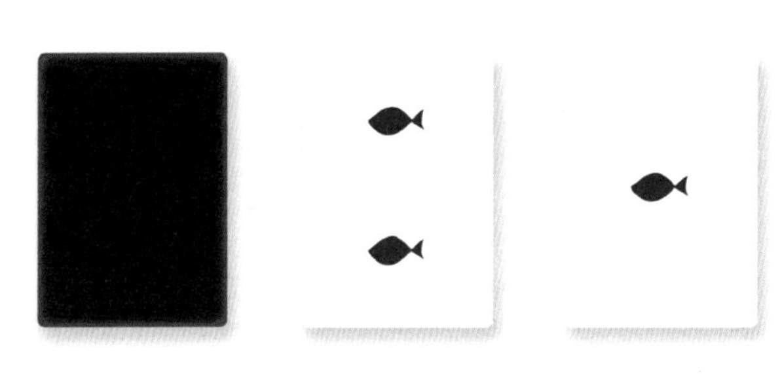

看到上面这 3 张卡片，泰拉立马回答道：

“白色的卡片上一共有 3 条鱼，所以这个就表示 3 咯？”

“嗯。”鲱鱼王子点点头。

“那么，4 就是这样了吧？”

泰拉把左边的卡片翻了过来。

“啊，鱼的数量……变成 7 条了。”

比特指着右边的两张卡片说：
“让这两张卡片上的鱼消失的话，不就是 4 了吗？”
它边说边把卡片翻过来。

“啊！真的变成 4 了呢！那 5 就应该是……”
泰拉正要把手伸过去，只听“咳！”的一声，
鲱鱼王子用力清了清嗓子，说道：
“这就是我的谜题了。”

下面 3 张卡片现在表示的数字是 4。
卡片的排列顺序和之前相同。
请你用这 3 张卡片，表示出数字 5 吧。

最右边的卡片上有1条鱼，所以这样就可以了！

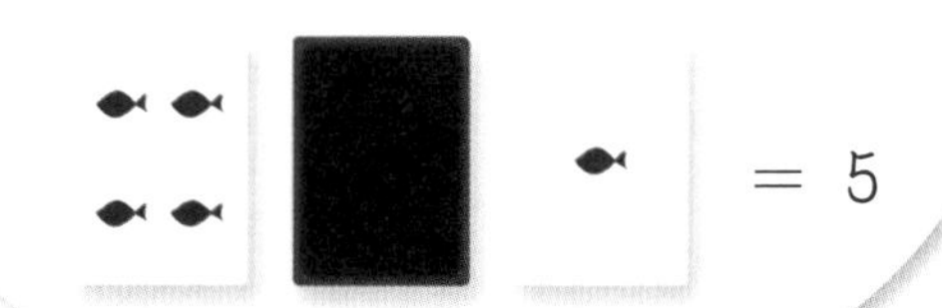

▶本题讲解参见《冒险之书》第8页

“没错！很棒!!”
鲱鱼王子举起手中的权杖。
卡片随着挥动的权杖
刷刷刷地飞起来，
卡片上画着的鱼儿们
都呼啦啦地游走了！

“哇哦，好厉害！”
泰拉看着游走的鱼儿们惊叹道。
“好了，如果你能答出下一道谜题，金币就归你了。”
说着，鲱鱼王子变出了一个宝箱。

金币就在这个宝箱里面。

下面的卡片表示宝箱的开锁密码。

卡片的排列顺序，以及每张卡片所表示的数字都和之前的谜题相同。**请问，开锁密码是多少？**

提示 ★先自己思考一下，再来看提示哦！

回想一下鱼的数量，最右边是1，中间是2，左边是4。
黑色的卡片表示没有鱼，所以……

是6和2！

▶本题讲解参见《冒险之书》第8页

“那就把密码输入进去试试看吧。”

鲱鱼王子说完，输入了密码……

“鲱鱼王子，第3枚金币应该找谁去要呢？”

“从这里往西走，有一座竹林密布的大山。那里有一位长得像熊猫一样的贤者，你们去找他吧。”

“谢谢！”

于是，泰拉和比特朝着西边的大山进发了。

我把数码世界中关于数字的秘密全都写在《冒险之书》里了哦。请你用本书附带的鲱鱼卡片，试一试从0开始按顺序表示出所有的数字吧。

第3关

三

黑白像素绘画游戏

泰拉和比特终于来到了西边的这座长着茂密竹林的大山。

穿过竹林密布的山路，泰拉发现在不远处的一棵树下，有个黑白颜色的东西正在

哗啦哗啦

地动来动去。

走近一看，原来是一只身体呈锯齿状的生物。听到泰拉他们的脚步声，这只生物转过头来。

这只熊猫的身体上都是一个个小方块，
动作也有点笨拙。
“泰拉，这真是一只奇怪的熊猫呢。”

泰拉急忙捂住比特的嘴。
“你们是谁？竟敢打扰本大人
吃饭？”

“对不起，我叫泰拉。我想要魔法金币。
请问你是贤者吗？”

熊猫一边咔嚓咔嚓地啃着竹子，
一边说他就是那个名叫**像素熊猫**的贤者。

咔嚓咔……

比特心里很好奇，它问道：
“请问，像素熊猫先生，你的
身体是由一个个‘小方块’
组成的吗？”

方块？

听到这里，像素熊猫突然
扔掉正在吃着的竹子，说道：
“机器人，你这个发现很厉害啊！！
数码世界里的东西，
全都是由称为‘像素’的
小方块组成的！”

“现在，就把我可爱的脸蛋……

放大了给你们看看吧！！”

梆梆～～

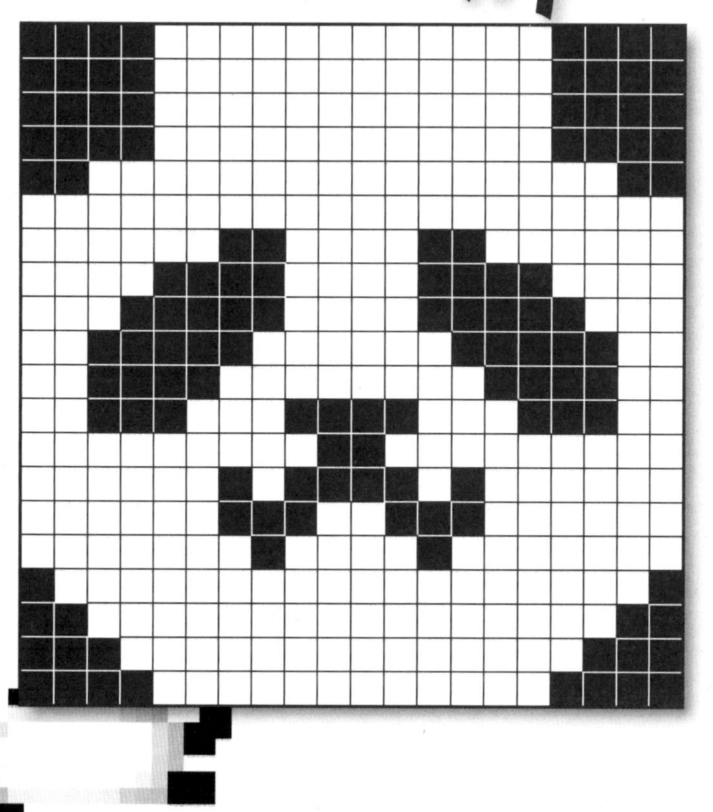

泰拉仔细打量着像素熊猫和比特。

“数码世界里所有的东西都是由像素组成的？

那比特也是由**像素**组成的吗？”

“当然。不过那个机器人是由很小的像素组成的，

小到看不出一个个方块，

还是像我这种像素很大的才比较一目了然嘛！”

像素熊猫得意地说。

“比如说，‘3’这个字符，
其实是这样表示的哦。”
像素熊猫拿出一张方格纸，
把其中一些格子涂成了黑色。
“每个格子都可以是黑色或白色，
组合起来就可以表示
字符和图像啦。”

接着，像素熊猫在“3”的图案旁边又写下了一些数字。

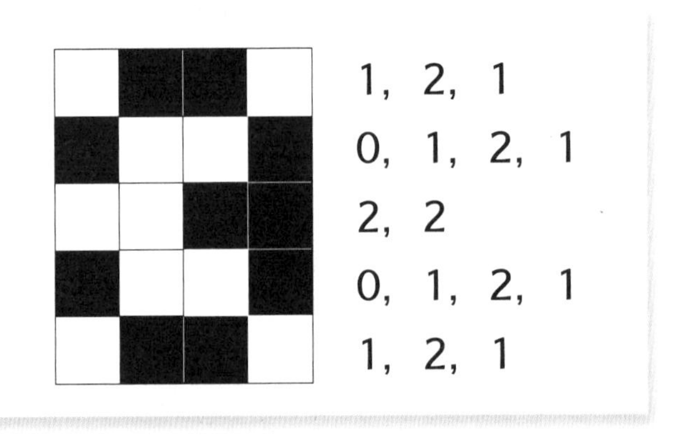

“‘3’这个字符，还可以用像右边这样的一串数字来表示哦。”

像素熊猫又继续写了两个例子。

2，1，2
1，3，1
0，1，1，1，1，1
2，1，2
2，1，2

这是Panda的P呢

0，3，1
0，1，2，1
0，1，2，1
0，3，1
0，1，3

“就像这样，在这个世界里，

图像都是要转换成数字来表示的。”

“哦……”泰拉有点疑惑，

她歪着头，盯着这些图案问道：

“这些数字是按什么规则写出来的呢？”

像素熊猫一边咔嚓咔嚓地啃着竹子，一边笑着说道：

“现在该给你出谜题了哦。”

参考第 1 行的样子，

按照图中的规则，

将剩下的格子涂上颜色。

看看到底是一个什么图案呢？

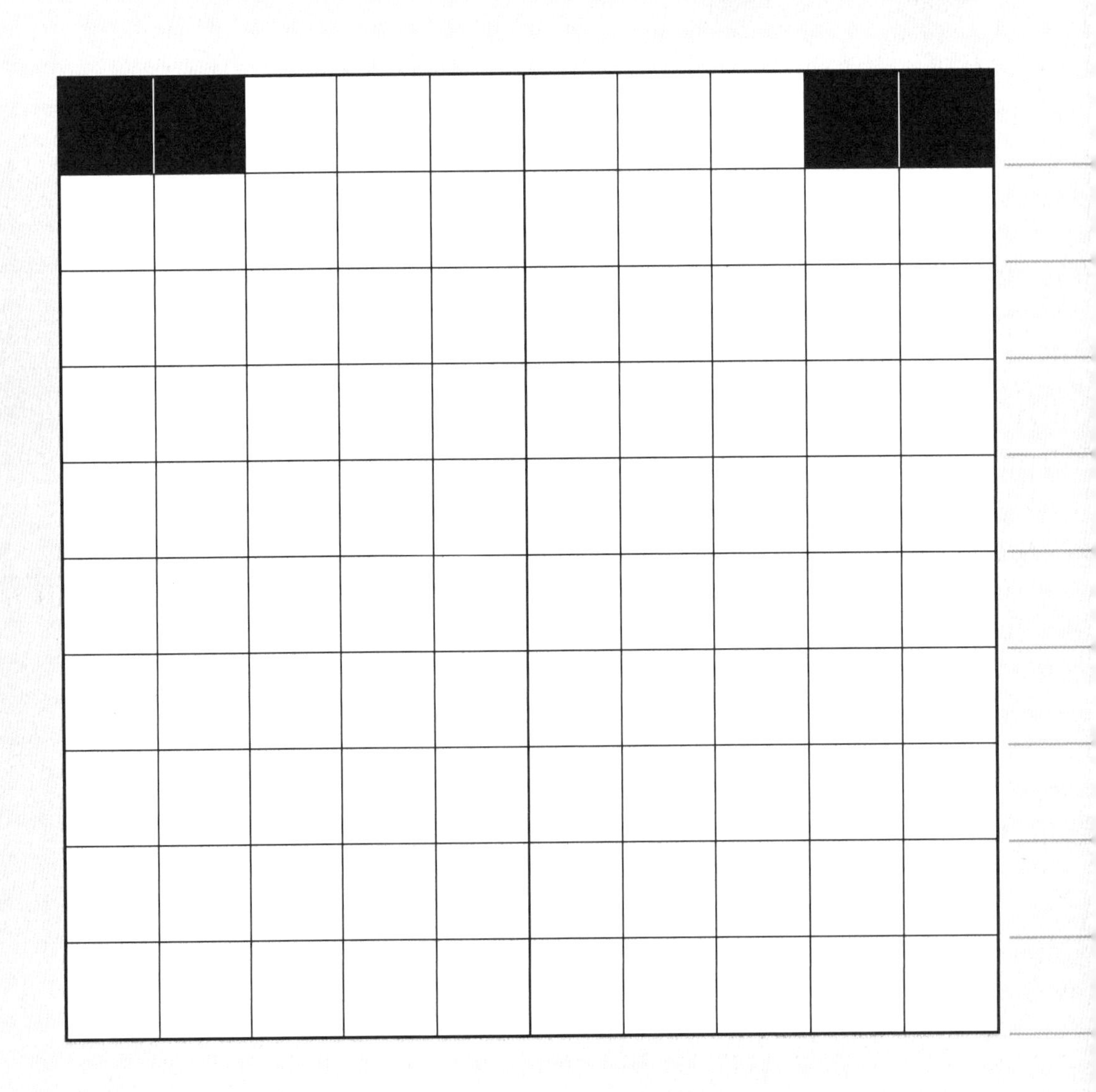

提示★先自己思考一下，再来看提示哦！

我们来仔细看一看第 34 页和第 35 页的图。
数字从左到右依次表示了白格子的数量和黑格子的数量。
观察一下，最左边的格子是黑色时，第 1 个数字是什么呢？

0, 2, 6, 2

0, 2, 6, 2

0, 1, 8, 1

2, 2, 2, 2, 2

1, 1, 1, 1, 2, 1, 1, 1, 1

1, 2, 4, 2, 1

4, 2, 4

3, 1, 2, 1, 3

0, 1, 8, 1

0, 2, 6, 2

▶本题讲解参见《冒险之书》第 10 页

“画好了吧？下面是最后一道谜题了哦。我的金币就在这个房间里，但是被藏在‘某样东西’里面。到底是哪样东西呢？把这些数字画成图案就明白了。怎么样，答得出来吗？”

按照右边的数字，把左边的格子涂上颜色吧。

到底能画出什么图案呢？

										1，7，2
										1，9
										1，7，1，1
										1，7，1，1
										1，9
										2，5，3
										0，1，7，1，1
										0，9，1

▶本题讲解参见《冒险之书》第 10 页

提示 ★先自己思考一下，再来看提示哦！

如果能解出第 36 页的谜题，那么你肯定已经明白这里面的玄机了吧？第 1 个数字表示白格子的数量，第 2 个数字表示黑格子的数量……注意不要数错格子哦。

是咖啡杯！

像素熊猫欣慰地说：

“啊！原来是藏在这里了啊。”

“欸？难道你自己都不记得了吗？”

“嗯。”像素熊猫哼了一声，

把竹子一口气塞进了嘴里。

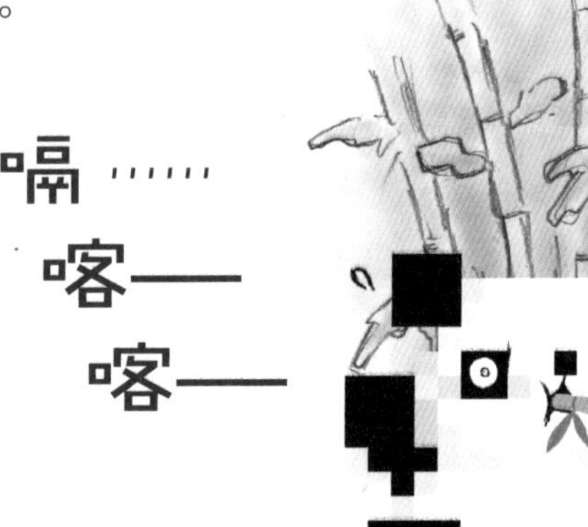

“咳，咳咳……

那金币就送给你们吧。”

“嘿嘿，谢谢你！”

像素熊猫刚才吃得噎到了，他一边顺着气儿，

一边告诉泰拉，在北边的大山里有一个洞穴，

里面住着一位叫**猛码象**的贤者。

泰拉和比特立刻动身朝北方进发。

欸？你还想挑战更多的谜题？
孺子可教也！
不怕困难的你，快翻到第 87 页
试一试“贤者的挑战书”吧！

第4关

四

能不能下达正确的命令呢？

泰拉和比特朝北边的大山前进，
他们一心想要快点走到目的地，
但是山路崎岖，泰拉感觉有点走不动了。

“呼——我们休息一下吧。”
说着，泰拉一屁股坐到路边的一根圆木上。
就在这时，圆木骨碌一下动了起来！

接着，一只很——大的生物
从树丛里钻了出来。

泰拉吓得大叫了一声，只见这生物动作慢吞吞，
一根长长的鼻子甩来甩去，并开口说：
“都是你不好，非要一屁股坐在人家的鼻子上。”

“啊！难道你就是贤者猛码象？”

“……嗯，没错哦。你是谁呀？”

猛码象边哼着鼻子边问。

“我叫泰拉。我正在收集魔法金币。
现在我已经集齐了3枚，你能不能把金币给我呢？”
听到这里，猛码象露出为难的表情。

“金币是我的宝贝，怎么能轻易送给你呢？
我要先考验一下你的实力才行。”

猛码象接着说：
“穿过迷宫洞穴，
就可以找到金币了。”
“迷宫……？
会不会迷路啊？”

看到泰拉有点不安的样子，
猛码象呵呵一笑，
递给泰拉一张纸条，
上面写着奇怪的**命令**。

请你按照命令的指示走到终点吧。

按照命令的指示前进，可以捡到一些水果，

但有一种水果是捡不到的。

究竟是哪种水果捡不到呢？

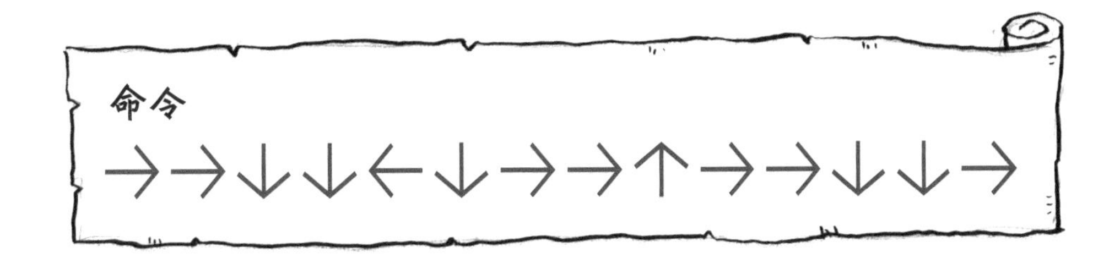

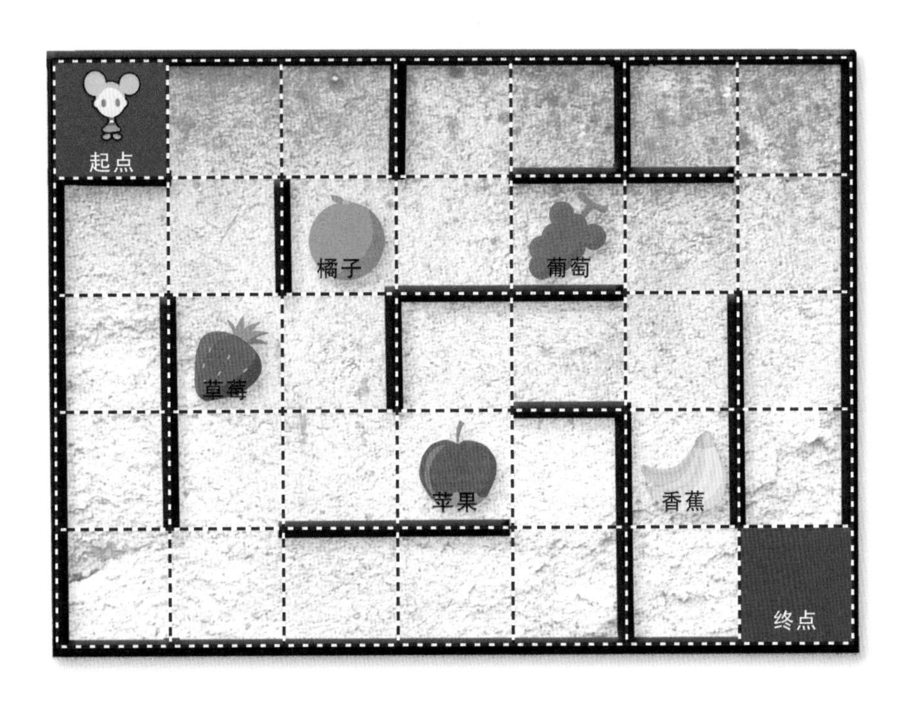

提示 ★先自己思考一下，再来看提示哦！

命令的秘密就是前进的方向啦。

先往右走，再往右走，再往下走，我们就能捡到橘子。

我们可以用线画出经过的格子，那么没有经过的水果就是……

是葡萄！

▶本题讲解参见《冒险之书》第 12 页

穿过迷宫洞穴，

泰拉来到了悬崖峭壁。

只见猛码象正站在对面的悬崖上。

金币在这里呢～!!

“这可怎么办……对了，比特，

你不是会飞吗？你飞过去取金币吧！”

“……我飞不了那么远啊……”

“欸？真是个没用的机器人～”

“我、我还是个还没造好的机器人呢！”

这时，泰拉他们听到猛码象的声音在山谷里回荡：

“不要吵架。看，那边有架无人机。

你们控制无人机，把金币运到你们那边去吧。”

“无人机？就是会飞的机器人对吧？太棒了！”

你可以对无人机下达 6 种命令。

每按一次“方向按钮”中的上、下、左、右，

无人机就会向相应的方向移动一格。

要想将金币运过来，

需要以怎样的顺序，按下哪些按钮才对呢？

请在空白的□中填上正确的命令按钮。

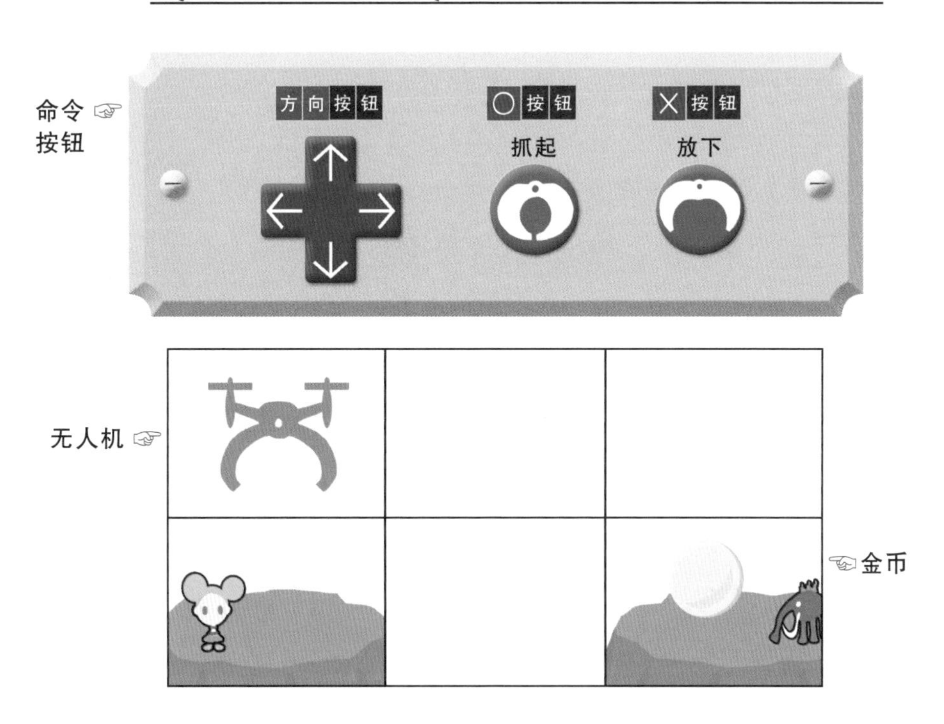

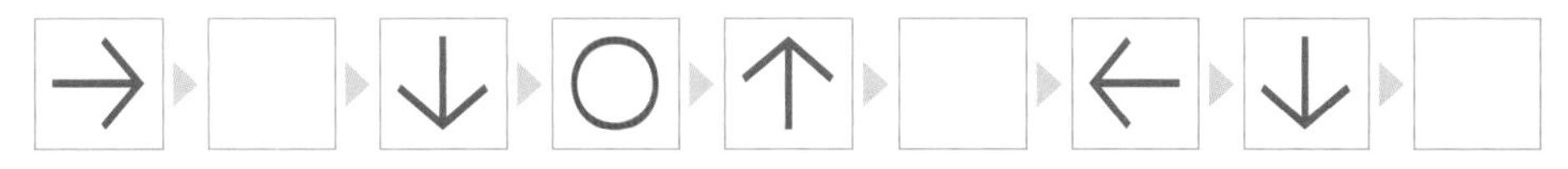

提示 ★先自己思考一下，再来看提示哦！

有点像抓娃娃机是不是？

先飞到对面的悬崖上，再往下一格，抓住金币。

接下来，往上……

▶本题讲解参见《冒险之书》第12页

“成功了！……咦？这不是金币啊！”

刚高兴了没一会儿，泰拉就发现不对劲，无人机运过来的是一个蓝色的晶莹剔透的圆球。

这时，猛码象在对面大声喊道：

“喂——！等一下！那是……

你、你把眼珠还给我，我就把金币给你！”

“我才不想要你的眼珠呢——!!

现在你需要用眼珠来交换金币。

需要以怎样的顺序，按下哪些命令按钮才对呢？

请在空白的□中填上正确的命令按钮。

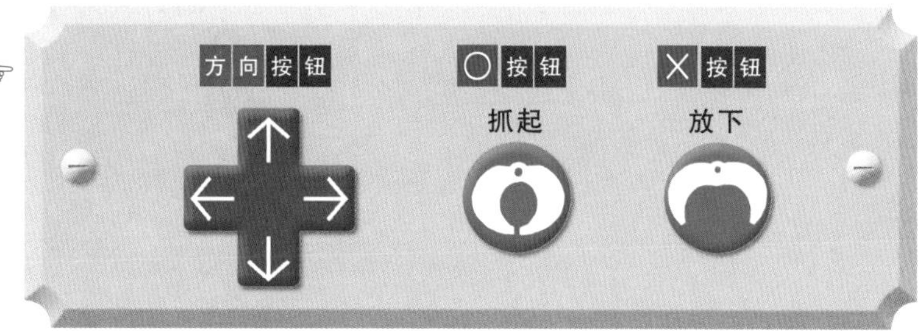

无人机

眼珠

金币

可以把金币和眼珠暂时存放在这里哦。

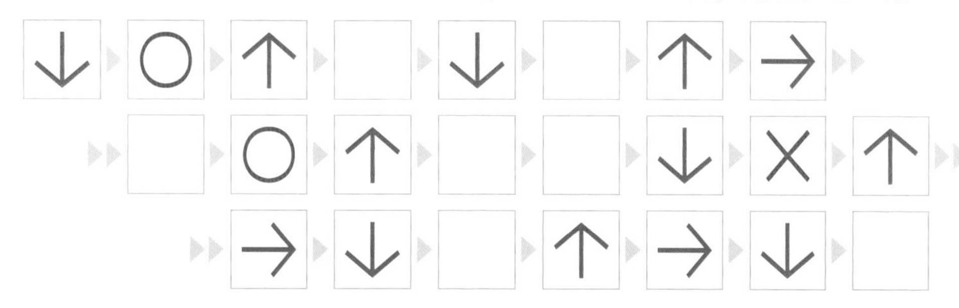

提示 ★先自己思考一下，再来看提示哦！

无人机每次只能运送一样东西，

所以需要先把眼珠运到中间的空地上。

接下来把金币运过来，最后再把眼珠运过去……

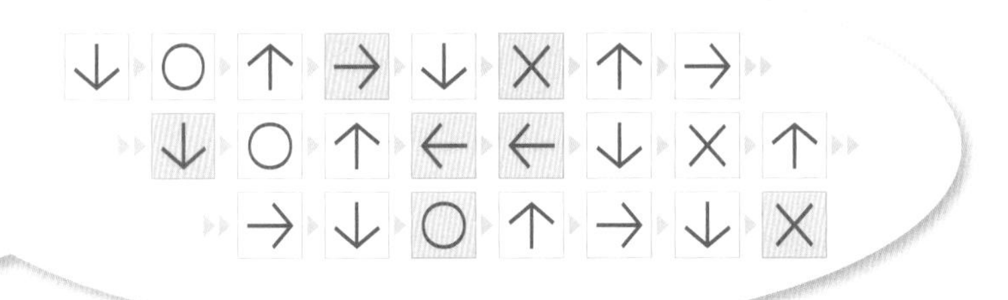

▶本题讲解参见《冒险之书》第 13 页

“呼，像无人机这样的‘机器’，必须要下达一个个‘命令’才能工作呢。”

“没错。这些命令就叫程序。计算机就是根据程序中的命令来运行的。”

泰拉终于成功地将眼珠还给了猛码象。

“好了，这枚金币你拿去吧。如果你要找下一枚金币的话，从这里往南走有一座古城堡，去城堡里找魔术师黑白棋小姐吧。不过要小心哦。”

泰拉开心地和猛码象挥手告别。

第5关

五

哪张卡片被翻过了？

翻过几座山，蹚过几条河，泰拉和比特来到一片森林。走着走着，周围突然开阔起来，前面出现了几座奇形怪状的雕像，还有一座城堡。

“哇——好漂亮！”泰拉不禁叫出声来。

这时，比特小声说道：

泰拉仔细一听，好像听到什么地方传来了女人的歌声。他们朝着歌声传来的方向走去，来到了城堡的入口。

进入城堡，继续往歌声传来的方向走，泰拉来到了一间有点昏暗的房间，房间里站着一个女人。她正在一个人欢快地唱着歌。

“不好意思，请问你是贤者吗？”
泰拉走到女人跟前，看着她的脸问道。
女人瞄了一眼泰拉，用**更大的声音**唱起歌来。

♪没错～我 就是黑白棋小姐～♪
你想要 我的金币吗～？
你 能够来到 我这里
勇气可嘉♪

我的魔术机关
十分 华丽～
你能看破吗～！

能不能 能不能～
你～能不能做到～呢～♪

这里有 25 张卡片。

卡片正面是白色，背面是黑色。

请你把黑色和白色打乱，摆成 5 行，每行 5 张卡片。

背面

♪我先 转过身去

你们 任意挑选一张卡片

把它翻过来♪

我能猜到 你们翻的是哪一张哦～♪

不过～

你们先等一下!

吓

安——静

小心翼翼

黑白棋小姐轻轻地说：

“……不如再增加一点难度，

反正我一定能猜出是哪张卡片被翻过了。”

于是，黑白棋小姐在每一行和每一列的后面各添加了1张卡片。

“这样就可以啦～
我现在转身不看，请你们翻转1张卡片吧。”
说完，黑白棋小姐转过身去，哼起了轻快的曲调。

“泰拉，我们应该翻哪张卡片呢?”

“嗯……中间的这张怎么样?”

比特就把中间的那张牌翻了过去。

黑白棋小姐转过身来，

瞄了一眼桌子上的卡片……

“你翻的卡片是——这张。”

什么！她竟然一下子就找出了正确的卡片！

“欸?!你是怎么知道的?我们要再来一次！”

“可以呀。”黑白棋小姐露出了优雅的微笑。

“难道她是把卡片的排列顺序全都记下来了……？”

这一次，泰拉努力把白色和黑色排列得更杂乱无章一些。每次，黑白棋小姐都会以“增加难度”为借口，再添加一些卡片。尽管如此，她依然每次都能够立刻找出被翻过的卡片。

看着百思不得其解的泰拉，黑白棋小姐说：“给你一个提示吧。我每次都是按照某种规则来添加卡片的。只要知道了这个规则，你也可以做到哦。”

黑白棋小姐所说的**“某种规则”到底是什么呢？**

请你仔细观察图案并思考一下吧。

这是黑白棋小姐添加卡片之后，其他卡片没有被翻动之前的样子

提示 ★先自己思考一下，再来看提示哦！

先看最上面一行，有 2 张黑色卡片。

第 2 行有 2 张白色卡片，第 3 行也是有 2 张白色……

接下来……你发现什么了吗？

“泰拉，你看黑白棋小姐加过卡片之后的第 1 行。”

“再看第 2 行呢？”

“第 3 行……”

“第 2 列……”

也是
有 2 张黑色！

“……难道说，黑白棋小姐添加卡片的规则是

对于每一行和每一列，　　　　↓填入你的答案。

使得黑色或白色卡片的数量为（ ________ ）张？”

黑白棋小姐脸上露出了微笑。

“比特，再从整体上看一看！”

“果然！不管哪一行哪一列，

白色或黑色总有一个颜色的卡片正好是 2 张！”

“如果我们把其中一张卡片翻过来的话……”

“翻转过的卡片所在的行和列，

都变成了黑白各有 3 张，

怪不得一下子就知道哪张卡片被翻过了呢！”

▶本题讲解参见《冒险之书》第 14 页

黑白棋小姐深深吸了一口气，
又开始唱起歌来。
♪你的观察力 真不错～!!
你一定 能够让金币
发挥威力～发挥威力～♪

黑白棋小姐的歌声十分动听。
♪来吧，
把金币拿去吧♪

“谢谢你！”

泰拉接过第 5 枚金币，
把它装进了袋子里，
就在这时！

泰拉！
危险!!

有个黑影从泰拉的身边掠过，
抢走了装有金币的袋子，
并以飞快的速度冲进了森林里!!

黑影很快就不见了踪迹。
泰拉被吓得目瞪口呆，
缓过神儿来之后，
忍不住浑身发抖。
“比特，金币被……”
“我们快点去追犯人吧!!”
说着，比特朝外面飞了出去。
泰拉也跟着比特追了过去。

望着泰拉的背影，
黑白棋小姐大声喊道：
“犯人肯定会穿过森林的!
森林里住着一位叫决策树的贤者!
你们可以问他犯人是谁!”

什么？你也想表演我这个魔术？

具体的玩法都写在《冒险之书》里面哦。

你可以用本书附带的魔术卡片在家人和朋友面前表演一下哦~~~♪

第6关

六

怎样确定犯人是谁？

泰拉和比特飞快地跑进了森林。可是，他们还是没能找到犯人的踪迹。二人来到一棵大树旁边，想停下来喘口气儿。

泰拉感觉有人在拍她的肩膀。
回头一看，
原来是一根粗大的树干，
上面还长着一只大眼睛，
在泰拉面前眨呀眨的。

“哇！吓我一跳。你就是‘**决策树**’吗？”

树干什么都没说，

只见他

一下，举起了

一块牌子。

“决策树先生？你会说话吗？”

只见决策树又举起了一块牌子“”

看起来，决策树贤者

只能回答“是”或者“否”。

于是泰拉接着问道：

“你刚才看到有人背着一

个大袋子从这边经过吗？”

“你看见了呀！那个人是小偷！

偷走了我的魔法金币！

那个人是谁呀？”

“……”

看着十分着急的泰拉，

比特赶忙提醒她：

“泰拉，你这个问题没办法用‘是’或者‘否’来回答啊……”泰拉和决策树都感到很沮丧。

泰拉转念一想：要不换一种问法吧，看看行不行。

“决策树先生，你知道犯人是谁吗？”

“ 

 ”

“你知道呀！那到哪里才能找到他呢？”

“……”

决策树没有回答。

“啊，‘哪里’这个问题不行呢……”

泰拉看起来很懊恼。

这时，比特想出了一个主意，它向决策树问道：

“决策树先生既然是贤者，
一定也很喜欢‘谜题’吧？”
听到比特的话，
决策树看起来很开心。

看到这一幕，
泰拉好像也想到了什么主意。

“对了，决策树先生！
你能不能出一个可以确定犯人是谁的‘谜题’呢？”

“

”

“太棒了！”

“那么……”泰拉接着问道：
“如果我成功解开谜题，能不能得到金币呢？”

“

”

“太好了！我会加油的！”

只见决策树拿出了一块大木牌。

首先，我们来做一道热身题。

下面的图中，有一个是决策树的朋友。

按照右边的方法来提问，

就可以确定哪一个是决策树的朋友。

那么，决策树的朋友到底是谁呢？

↓决策树的回答

☐ 1）你的朋友住森林里吗？ 

☐ 2）你的朋友住在海里吗？ 

☐ 3）你的朋友戴帽子吗？ 

☐ 4）你的朋友手里拿着剑吗？ 

☐ 5）你的朋友手里拿着东西吗？ 

其实，要确定决策树的朋友是谁，只需要3个问题哦！

提示★先自己思考一下，再来看提示哦！

在图上的8个人中，与上面5个问题的答案全部匹配的只有1人。
由于住在森林里和海里的人各占一半，
所以第1个问题和第2个问题其实只要问其中一个就可以了。

你的朋友是❺，对吧？

▶本题讲解参见《冒险之书》第 18 页

“好——接下来我们就该猜犯人了！”

偷走泰拉袋子的犯人，
就是右边这 16 个人中的一个！！
下面这些问题中，选择哪些向决策树提问，
就可以确定犯人是谁呢？请选择其中 4 个问题哦！

□ 1）犯人是青蛙吗？

□ 2）犯人戴项链吗？

□ 3）犯人拿着手杖吗？

□ 4）犯人的舌头是伸出来的吗？

□ 5）犯人在水边吗？

□ 6）犯人在森林里吗？

□ 7）犯人戴帽子吗？

□ 8）犯人戴眼镜吗？

1
2
3
4
5
6
7
8
9
10
11
12
13
14
15
16

“第 1 个问题：犯人戴项链吗？”

决策树：

“第 2 个问题：犯人拿着手杖吗？”

决策树：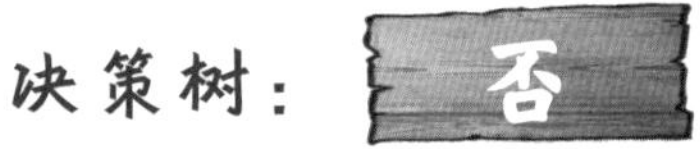

“第 3 个问题：犯人的舌头是伸出来的吗？”

决策树：

“第 4 个问题：犯人在水边吗？”

决策树：

犯人就是❾号青蛙！

▶本题讲解参见《冒险之书》第 19 页

“候选数量从 8 个增加到了 16 个，但提问的次数只是从 3 次增加到了 4 次而已呢。”

接下来，泰拉又问了决策树几个问题，
终于知道了犯人是一位叫**排序蛙**的贤者，
排序蛙特别喜欢恶作剧，
就住在前面的池塘里。

决策树将金币
轻轻放在树枝上递给了泰拉。
看到决策树如此温柔的举动，
泰拉很感动，
泪水开始在眼眶里打转，
但她忍住了眼泪，
用手紧紧握住了这枚金币。
“谢谢你，决策树先生！”

“好了泰拉，
只剩最后一位贤者了。
马上就可以集齐金币了，
加油啊！！”
“嗯！”

第7关

七

破解排序机的秘密

泰拉和比特来到了排序蛙住着的池塘。

这是一个被幽深的森林包围着的古老的小池塘。

叮咚——池塘里传来微弱的水花声。

“排序蛙——！”

泰拉站在池塘的岸边喊道。

只见一根长长的

像红绳一样的东西

从池塘里伸了出来……

一下子就把泰拉手中的金币抢走了！
然后，池塘中央的水面晃动起来，
一只用长舌头顶着 6 枚金币的青蛙现身了。

“排序蛙!!
快把你偷的金币还给我！”

排序蛙晃动着肥大的身体，
慢慢地走近泰拉，
发出一阵坏笑。

“嘿嘿嘿嘿嘿……
要是答不上我出的谜题，你们就别想拿到金币。”
“好、好吧！”

排序蛙转过身，面对着池塘，
叽里咕噜地念起咒语来。
只见从池塘里慢慢地……
浮出一台奇怪的机器。

咚——
我扔~
“来吧，把金币还给你。”排序蛙说着，突然把金币全都扔进了机器里。
咣当
呀——!!
你干什么！

泰拉急忙向机器跑去，
但是来不及了，机器已经把金币全部吞了进去。

排序蛙露出狡黠的笑容：
“这是我发明的‘排序机’。
金币从左边的入口被扔进去以后，
会按照一定的顺序从右边的出口被吐出来。
如果你能说出金币会按照怎样的顺序出来，
我就连我的金币一起全都给你。”

“你真是太坏了……比特，该怎么办呢？”
比特想了一下，说：“如果能看到机器内部的样子，
也许就可以知道它是怎样排序的了……”
说着，他立刻飞到机器旁边，
“咔吧”一声，
把机器上的盖板给掀了起来。

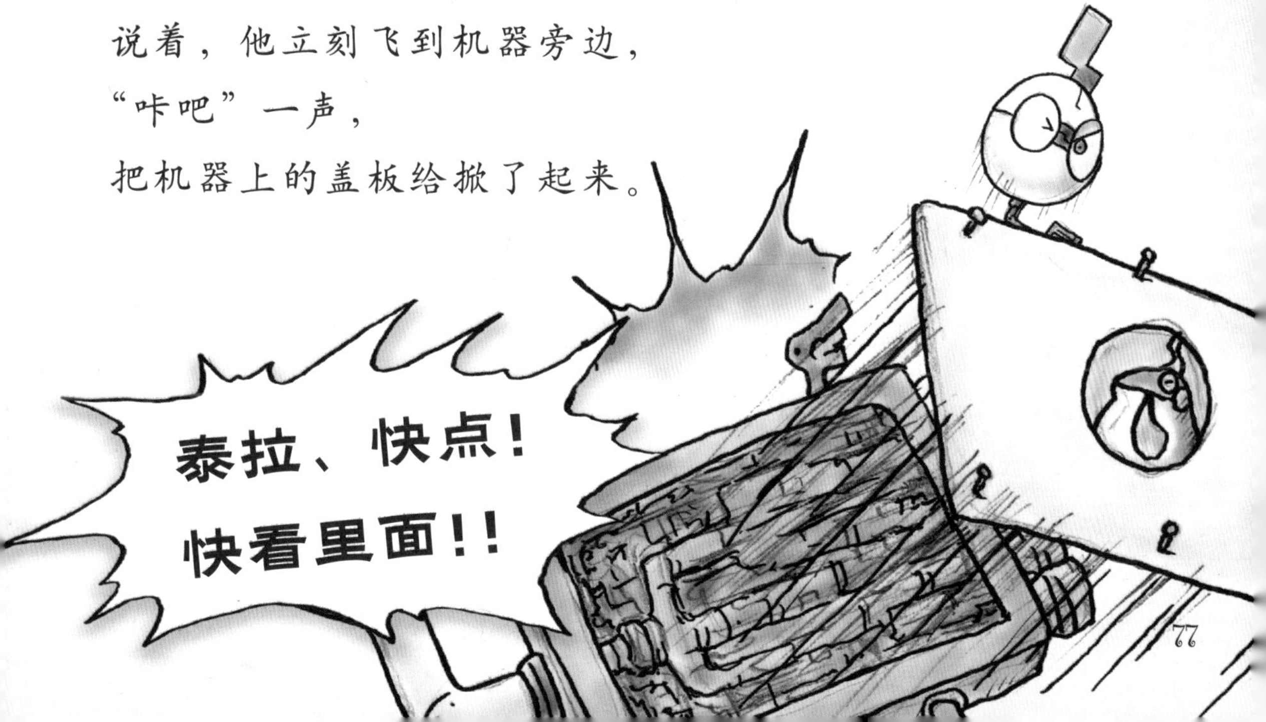

泰拉、快点！
快看里面！！

这就是“排序机”的内部结构。
请你用本书附带的金币，
亲自尝试一下排序的过程吧。

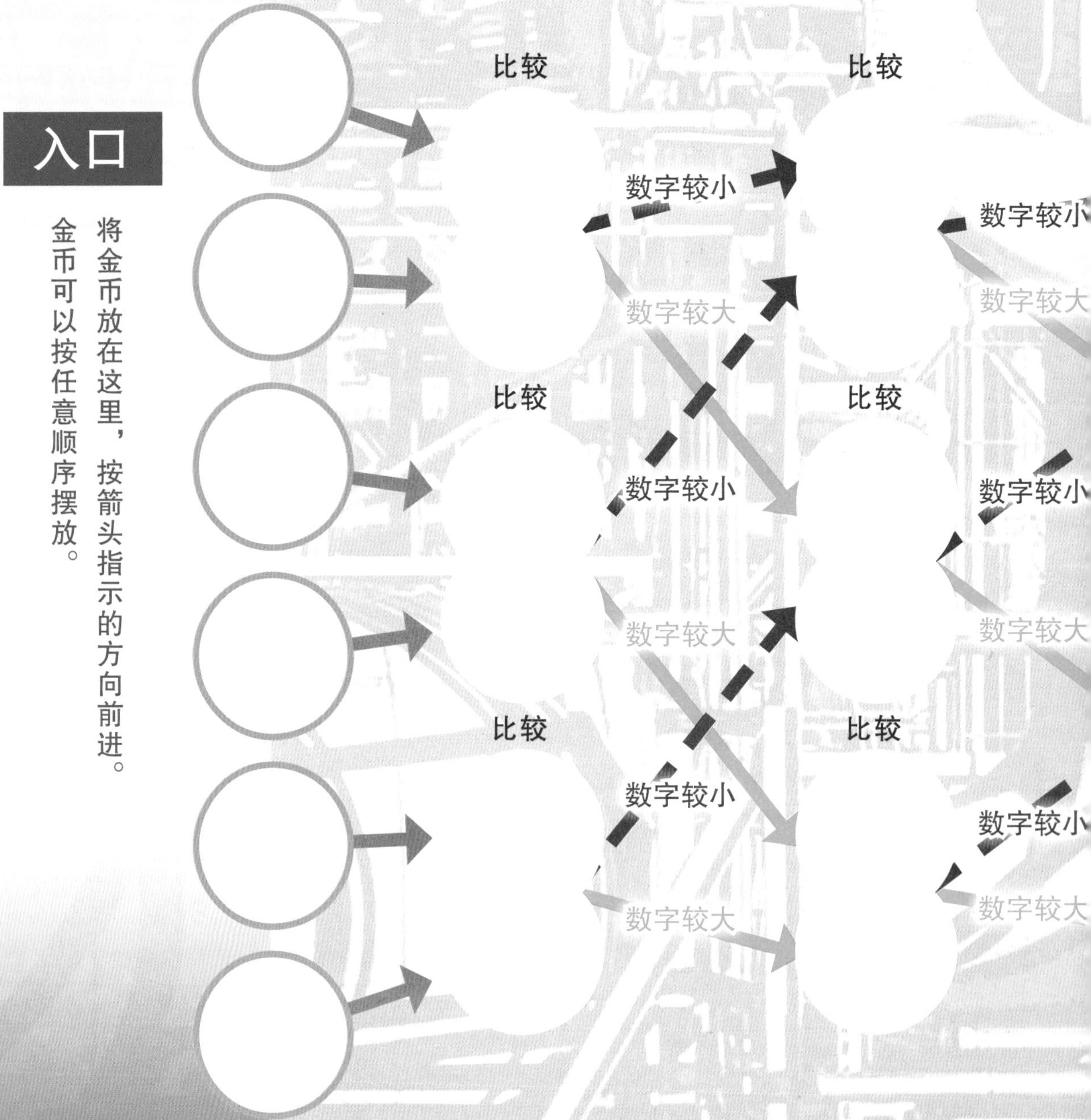

入口

将金币放在这里，按箭头指示的方向前进。
金币可以按任意顺序摆放。

比较
数字较小
数字较大

比较
数字较小
数字较大

比较
数字较小
数字较大

比较
数字较小
数字较大

比较
数字较小
数字较大

比较
数字较小
数字较大

改变金币摆放的顺序，
再试几次看看吧。
到底会排成怎样的顺序呢？

比较

数字较小

数字较大

比较

数字较小

数字较大

比较

数字较小

数字较大

比较

数字较小

数字较大

比较

数字较小

数字较大

比较

数字较小

数字较大

无论金币在入口处是按怎样的顺序摆放，到了出口处，都是按从上到下、从小到大的顺序排列的呢！好神奇！

▶本题讲解参见《冒险之书》第 20 页

“规则就是以 2 枚金币一组，不断比较大小，
数字小的向上方前进，数字大的向下方前进。”

“是呢。人只要看一眼
就可以按大小排序，
但是计算机一次只能
比较 2 枚金币的大小。”

泰拉把刚才受的刁难完全抛在了脑后，
钦佩不已地说道：“排序蛙先生，真是蛙不可貌相，
你发明的这个机器还挺厉害的嘛！”

“‘蛙不可貌相’这句还是省省吧！”
排序蛙的脸有点红，
露出一副无可奈何的表情，
把 7 枚金币全都交给了泰拉。

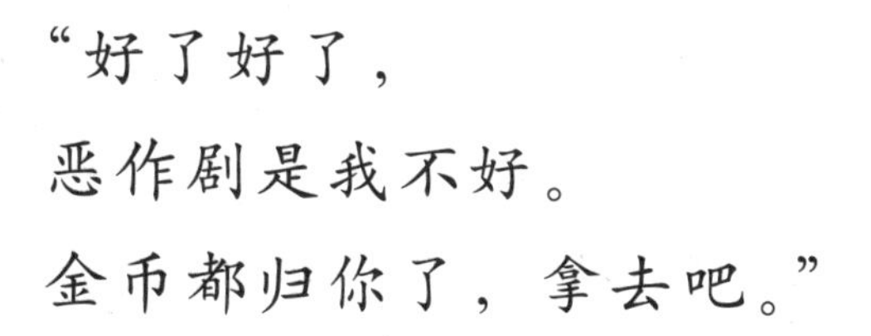

“好了好了，
恶作剧是我不好。
金币都归你了，拿去吧。”

“谢谢你！”
泰拉终于得到了
最后一枚金币。

“成功了！
7 枚金币
全都集齐了！”

泰拉和比特离开了池塘，
赶往传送神殿。

穿过草原、蹚过河流、
翻过大山，泰拉和比特
终于来到了传送神殿。

没想到，所谓的神殿
只是石头堆成的
一座小庙罢了。

进去之后，只见里面是一个大房间，而且空荡荡的，
只有中间放着一块石板，石板的上面有几个洞。
“泰拉，把金币按顺序放到石板上吧。”
“好、好的。”
泰拉小心地把 7 枚金币按顺序放进了石板上的洞里。

放好后，石板发出了奇怪的光。

“这个形状，好像在哪里见过……”

泰拉看着石板思考起来。

“……泰拉，看这个……”

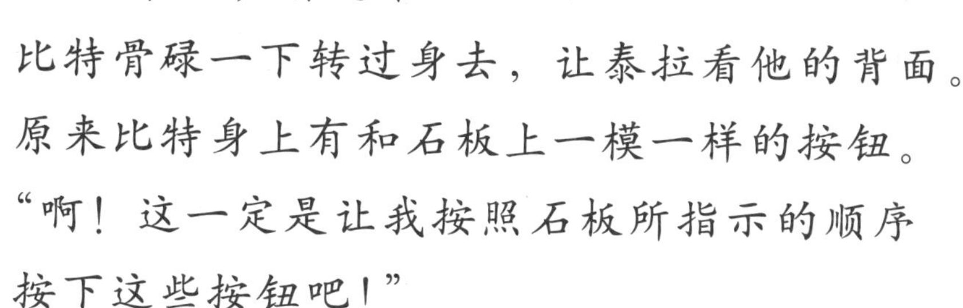

比特骨碌一下转过身去，让泰拉看他的背面。

原来比特身上有和石板上一模一样的按钮。

“啊！这一定是让我按照石板所指示的顺序

按下这些按钮吧！”

泰拉一边仔细对照，

一边一个一个地按下按钮。

就在她按下最后一个按钮时，

神殿中的气流发生了变化。

泰拉感到一阵晃动，

接着就看到空中出现了

一个似曾相识的旋涡图案。

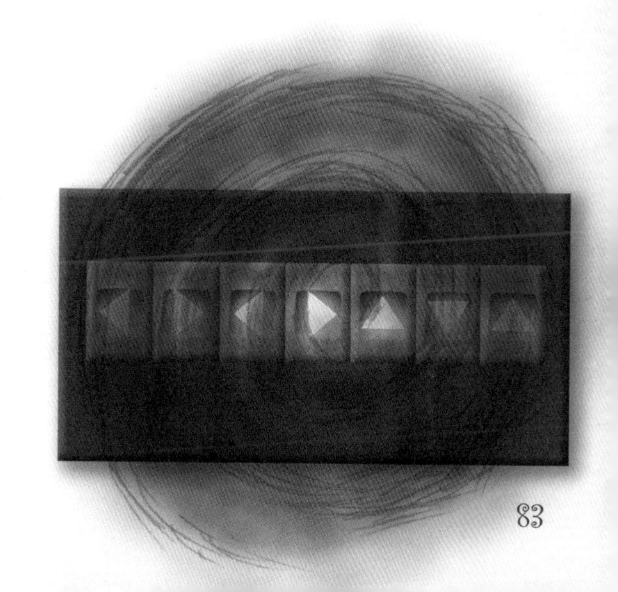

“这就是传送旋涡吧……我们成功了！比特！”
泰拉回头看去，
却发现比特的脸上并没有高兴。

对了，我要回家了……
也就是说，我们要说再见了……

“啊，比特……那个……”
比特打断了泰拉的话：
“泰拉，我要向你道歉。”
听到突如其来的这句话，
泰拉愣住了。

“因为，把你带到数码世界
的……就是我。”

“其实，我一直从计算机里面看着你。
因为太想和你做朋友了，所以无意中启动了
‘传送装置’，把你带到了这个世界。真的很抱歉！”

“原来是这样啊……但是，也多亏了有你，
我才能一路闯关来到这里呀。
谢谢你，比特……”
泰拉紧紧抱住了比特圆圆的身体，
比刚刚来到这个世界那会儿
抱得更紧，更紧。

正准备走进
传送旋涡的时候，
泰拉又一次
回过头来对比特说：

“下次你把自己传送到我家吧。
以后我们就可以一直做朋友了！”

“啊？……嗯！谢谢你!!”

之后，泰拉便跳进了传送旋涡。
她感到身体开始飘起来，
意识也逐渐模糊起来……

泰拉醒来的时候，发现自己正在爸爸的房间里。
和她一起在这个房间里的，是小猫阿咪。

这时，厨房传来了一个人的声音。
“泰拉！你放在冰箱里的布丁，我吃掉喽！”
“……姐、姐姐？艾达姐姐？！
我真的回到家里了！！”

阿咪一下子扑到泰拉的怀里。
泰拉把阿咪抱了起来，
阿咪项圈上的铃铛“丁零”地响了一声。

泰拉仔细一看，
这个铃铛，
和比特长得一模一样呢。

（完）

贤者的挑战书

如果你还想挑战更多的谜题，

就看一看由计算机世界中的贤者们发出的挑战书吧！

人鱼程序媛的挑战书

泰拉要换上潜水装。按照箭头的指示，一共有 2 种“潜水眼镜”和 4 种“脚蹼”可以穿戴。在从❶到❹的 4 种穿戴组合中，有 1 种组合是不可能出现的。你知道那是几号组合吗？

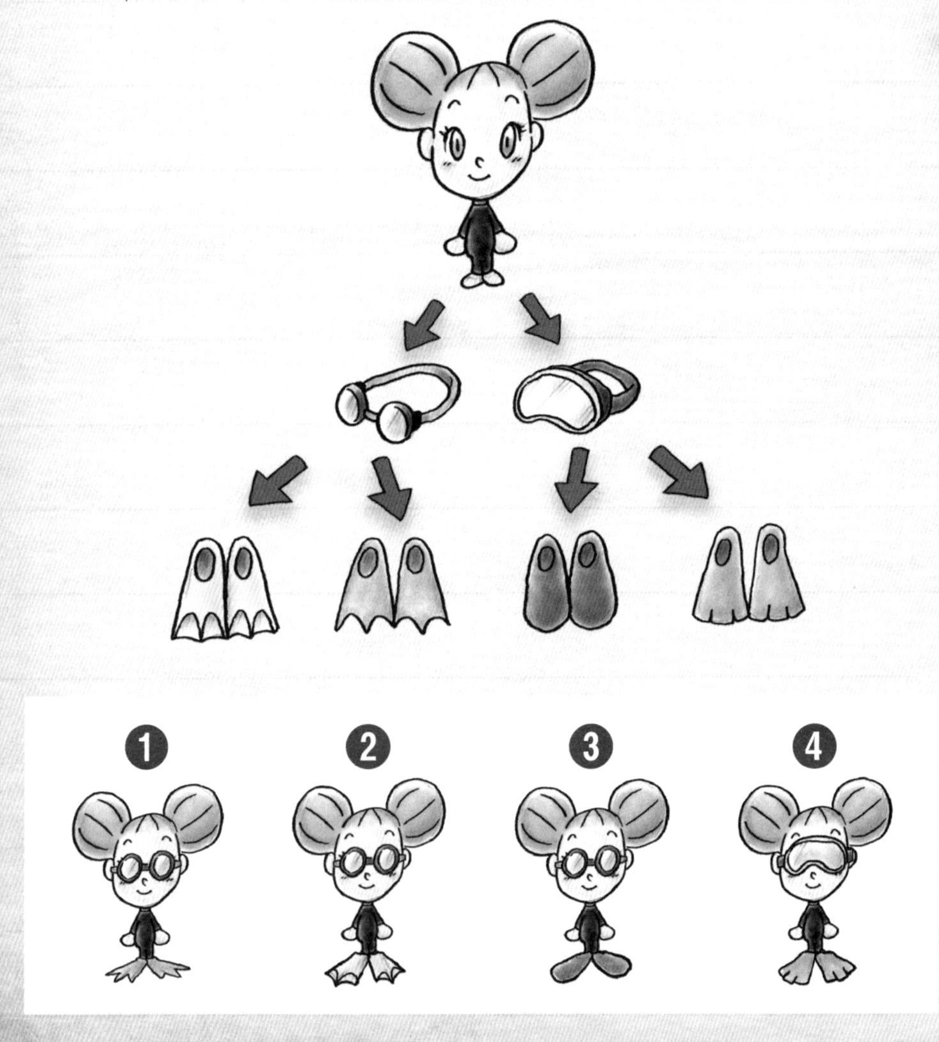

鲱鱼王子的挑战书

鲱鱼族的纸币有4种面值，分别是“1鲱鱼”“2鲱鱼”“4鲱鱼”和“8鲱鱼”。

现在要购买面包、牛奶和肥皂，它们的价格如图所示。如果要用最少张数的纸币来购买，那么分别应该使用哪种面值的纸币，并且使用几张呢？

①面包

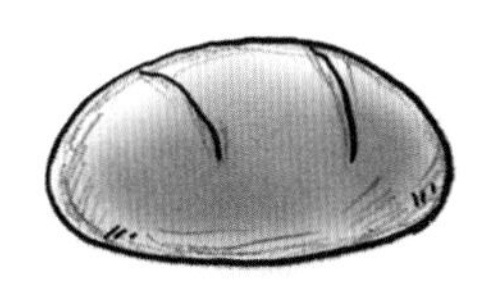

价格 6鲱鱼

②牛奶

价格 9鲱鱼

③肥皂

价格 14鲱鱼

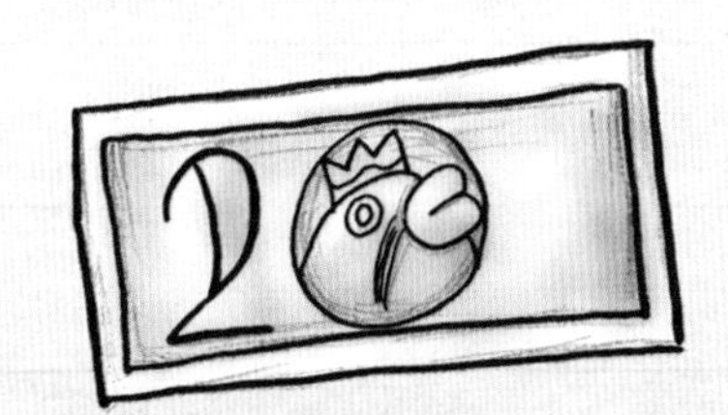

 像素熊猫的挑战书

按照右边的数字，把左边的格子涂上颜色吧。

到底能画出什么图案呢？

❶

										数字
										4,2,4
										3,4,3
										2,2,2,2,2
										1,2,4,2,1
										0,2,6,2
										0,1,2,4,2,1
										0,1,2,1,2,1,2,1
										0,1,2,2,1,1,2,1
										0,1,2,1,2,1,2,1
										0,10

2

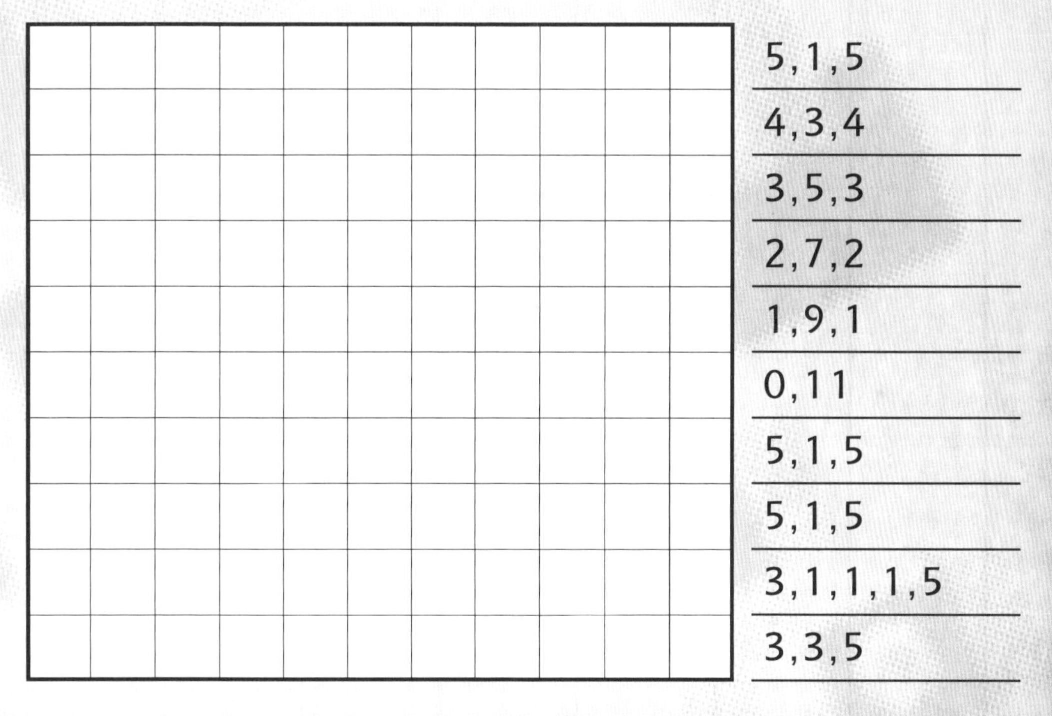

决策树的挑战书

在决策树居住的森林迷宫尽头藏着 4 个宝箱。从起点出发，下面 4 种走法中哪一种无法到达宝箱？

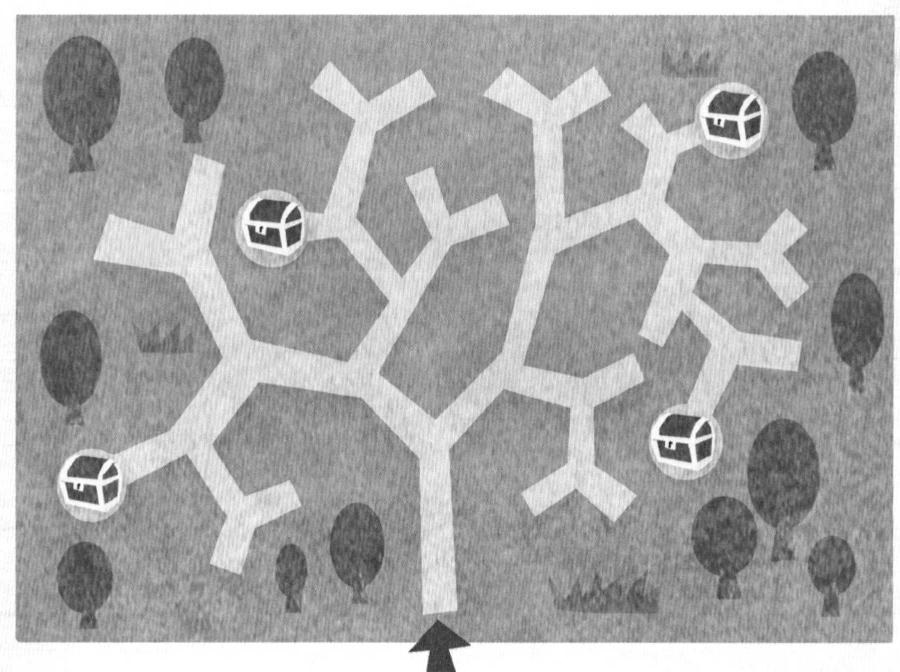

① 左、右、左、左
② 左、左、左、右
③ 右、左、右、左、右
④ 右、左、右、右、右、左、左

猛码象的挑战书

猛码象要从起点出发，穿过“水果迷宫”到达终点。按照箭头所示的路线，他在路上可以捡到一串葡萄和一个苹果。

那么，下面①到③的3种走法中，哪一种能够捡到香蕉、苹果和葡萄各一份呢？

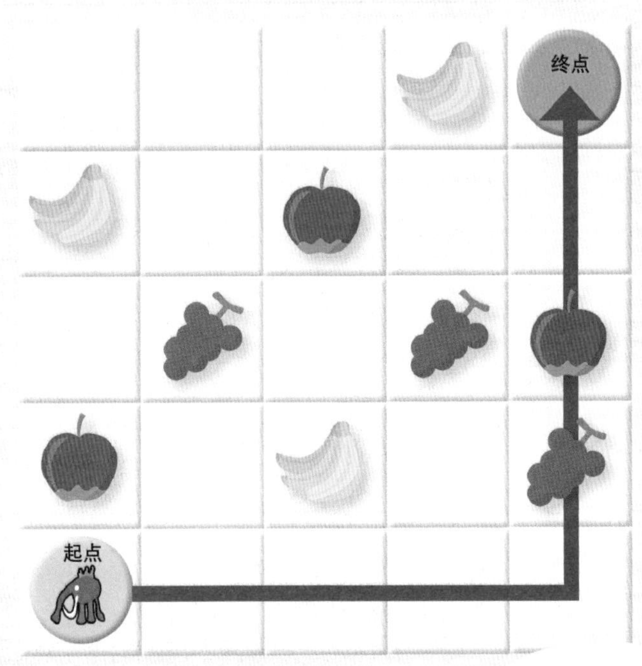

① 上1、右1、上3、右3

② 上3、右3、上1、右1

③ 右2、上4、右2

右4、上4的走法可以捡到葡萄和苹果哦。

排序蛙的挑战书

将金币放在这里，按箭头指示的方向前进。

金币可以按任意顺序摆放。

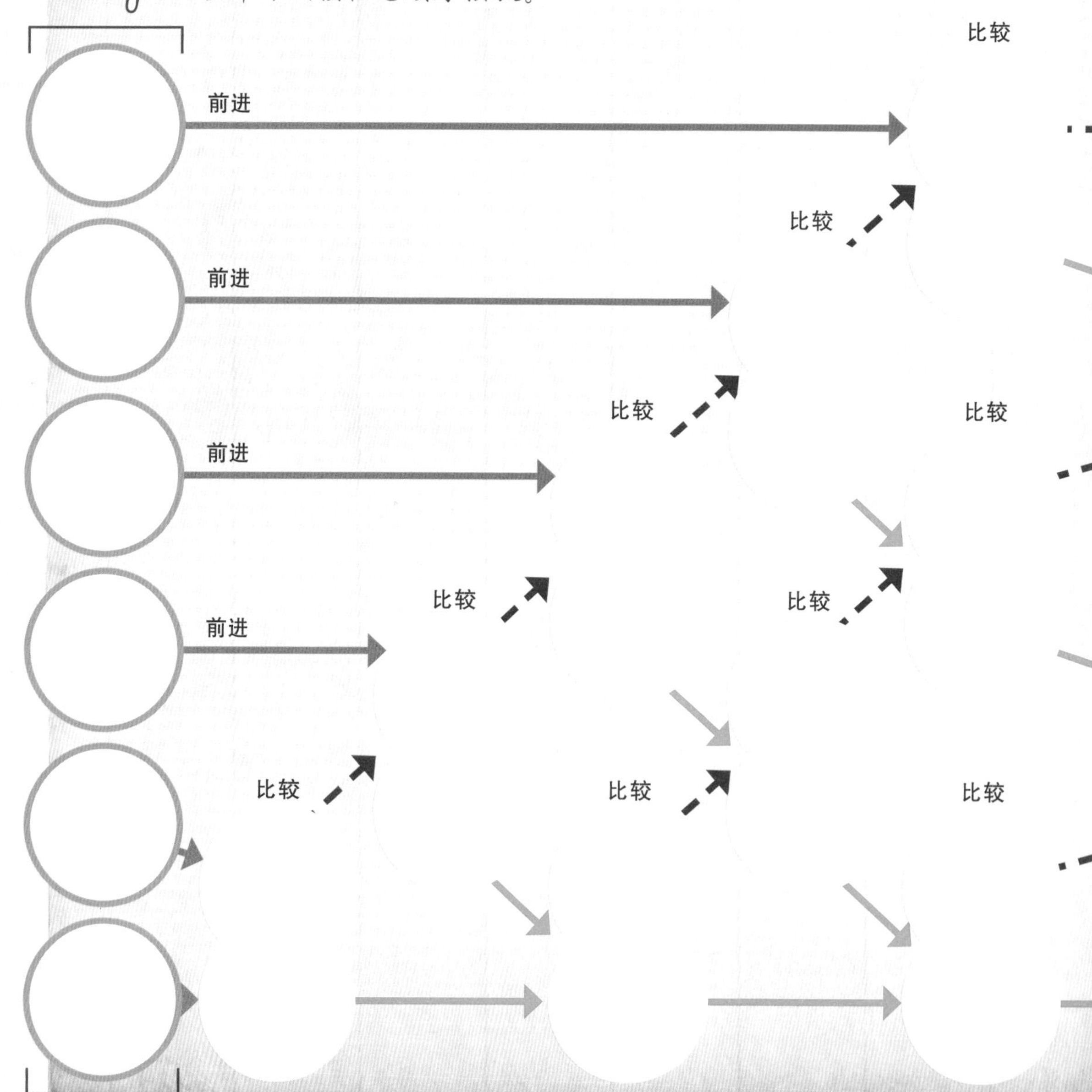

排序蛙发明了各种排序机。下面这台机器就是其中的一种。

每次比较两个数字，其中较小的数字沿➡（虚线箭头）方向前进，较大的数字沿➡（实线箭头）方向前进，最终数字会按照从上到下从小到大的顺序排列。在这台机器中，每两个数字进行比较算 1 次，一共要比较多少次才能完成排序？

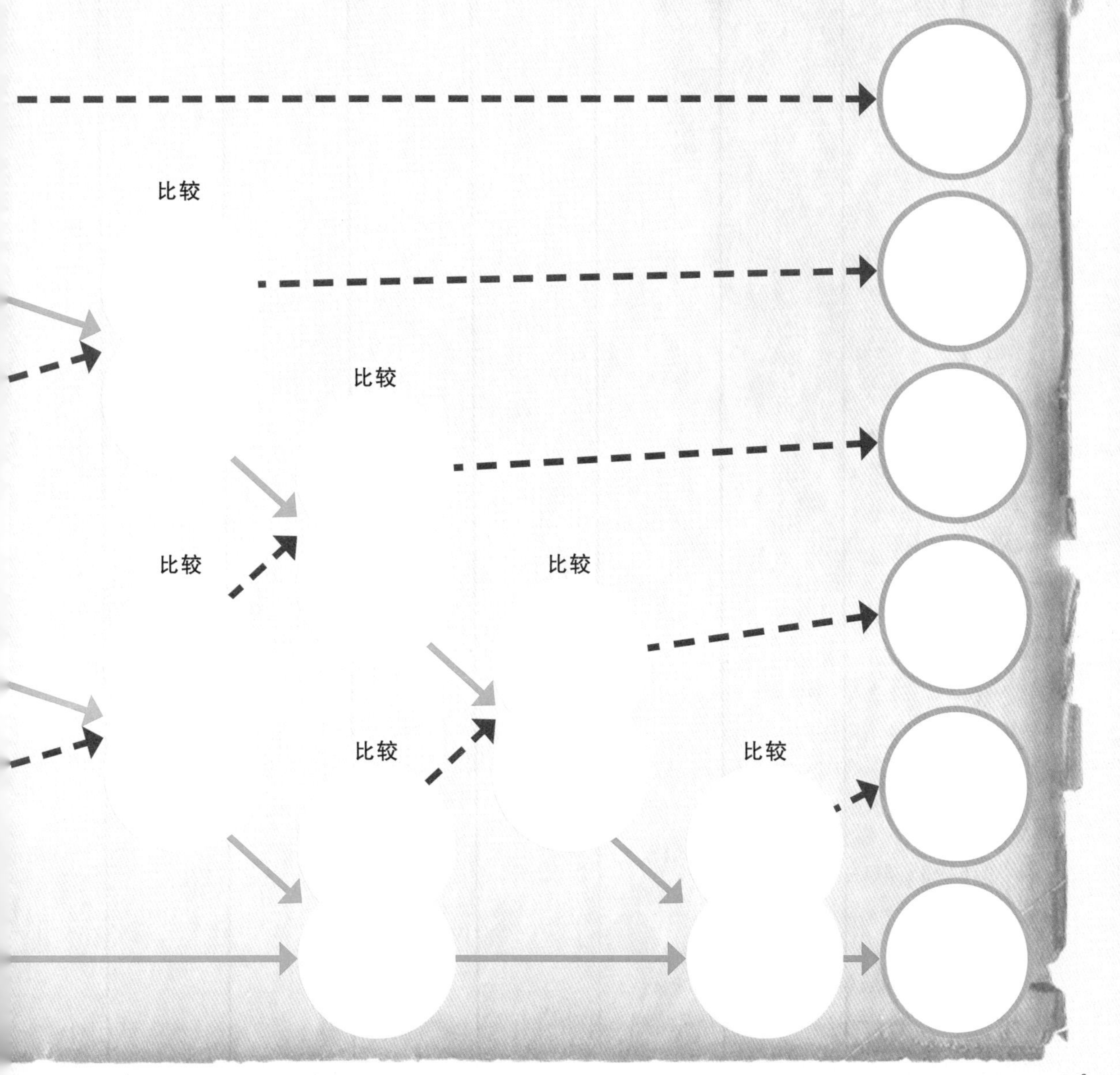

图书在版编目（CIP）数据

计算机世界大冒险：泰拉与七贤者 / 日本学研Plus著；周自恒译. -- 北京：人民邮电出版社，2021.11
（Coding Kids）
ISBN 978-7-115-56771-0

Ⅰ. ①计… Ⅱ. ①日… ②周… Ⅲ. ①计算机科学－儿童读物 Ⅳ. ①TP3-49

中国版本图书馆CIP数据核字(2021)第126695号

内 容 提 要

小女孩泰拉不小心进入了计算机内部，来到了一个叫作数码世界的地方。在这里，她必须和小机器人“比特”一起迎接贤者们的挑战，破解各种谜题并集齐7枚魔法金币后，才能回到自己的家中。性格迥异的贤者，难度不同的谜题，突如其来的危险……泰拉能否顺利回家呢？快点翻开这本书，和泰拉一起冒险吧。

“不插电的计算机科学”是一种脱离实体计算机，通过卡片、游戏等形式学习计算机科学的方法。本书就是利用这种学习方法，让孩子们一边阅读有趣的冒险故事，一边动手实践，从而理解计算机和编程的基础知识，启发逻辑思维。随书附带的小册子《冒险之书》里还有一些破解谜题的提示和相关知识的讲解，非常适合家长和孩子一起在家中体验和探索计算机的奇妙之处。

◆ 著　　[日] 学研Plus
审　　[日] 兼宗进　[日] 白井诗沙香　[新西兰] 蒂姆·贝尔
绘　　[日] 仓岛一幸
译　　周自恒
责任编辑　高宇涵
责任印制　周昇亮
◆ 人民邮电出版社出版发行　　北京市丰台区成寿寺路11号
邮编　100164　　电子邮件　315@ptpress.com.cn
网址　https://www.ptpress.com.cn
天津市豪迈印务有限公司印刷
◆ 开本：787×1092　1/16
印张：6　　彩插：4
字数：45千字　　2021年11月第1版
印数：1–3 500册　　2021年11月天津第1次印刷
著作权合同登记号　图字：01-2020-4159号

定价：79.80元
读者服务热线：(010)84084456　印装质量热线：(010)81055316
反盗版热线：(010)81055315
广告经营许可证：京东市监广登字20170147号

贤者金币（在第 74 页 · 第 7 关的谜题中使用）

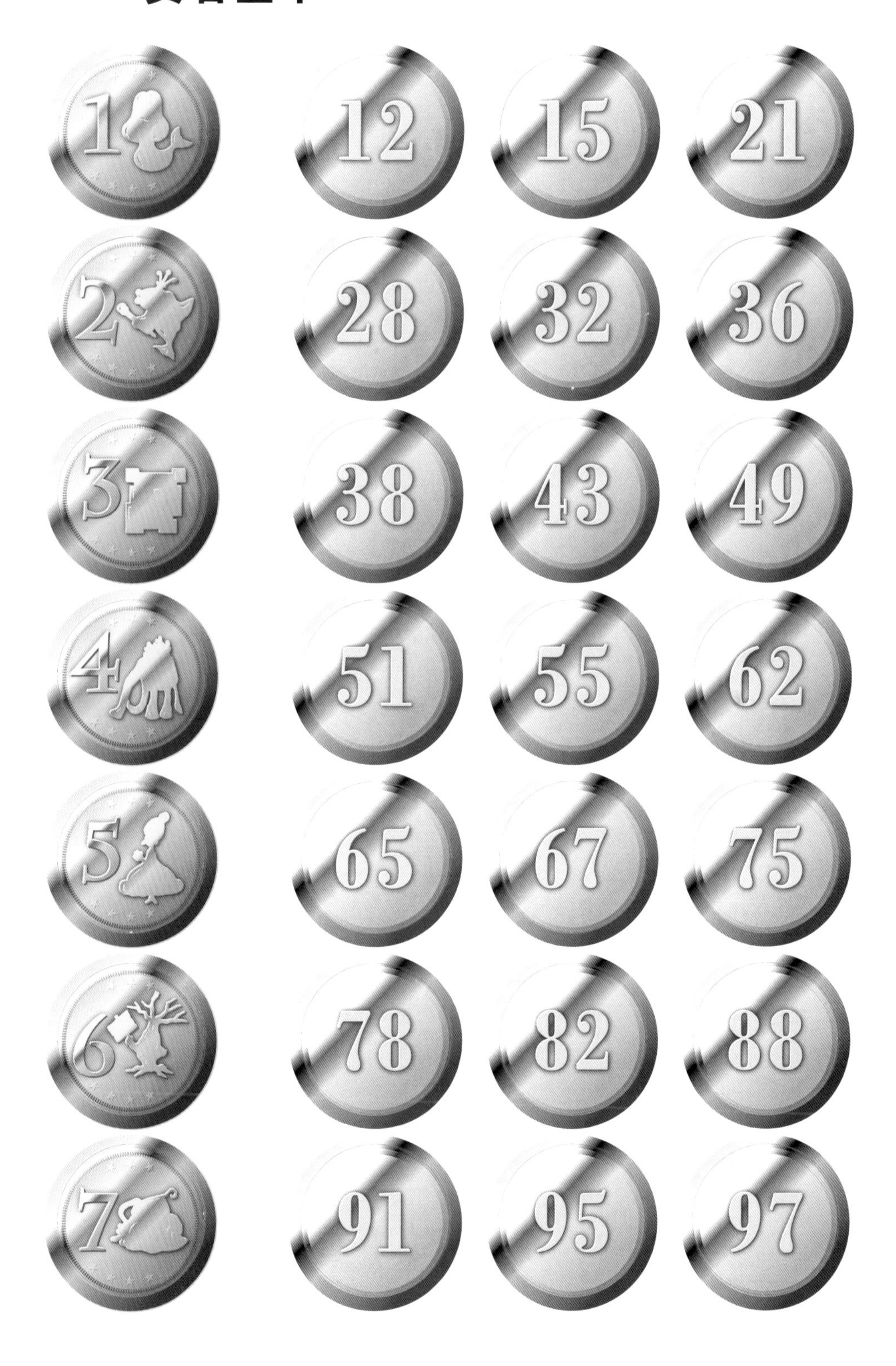

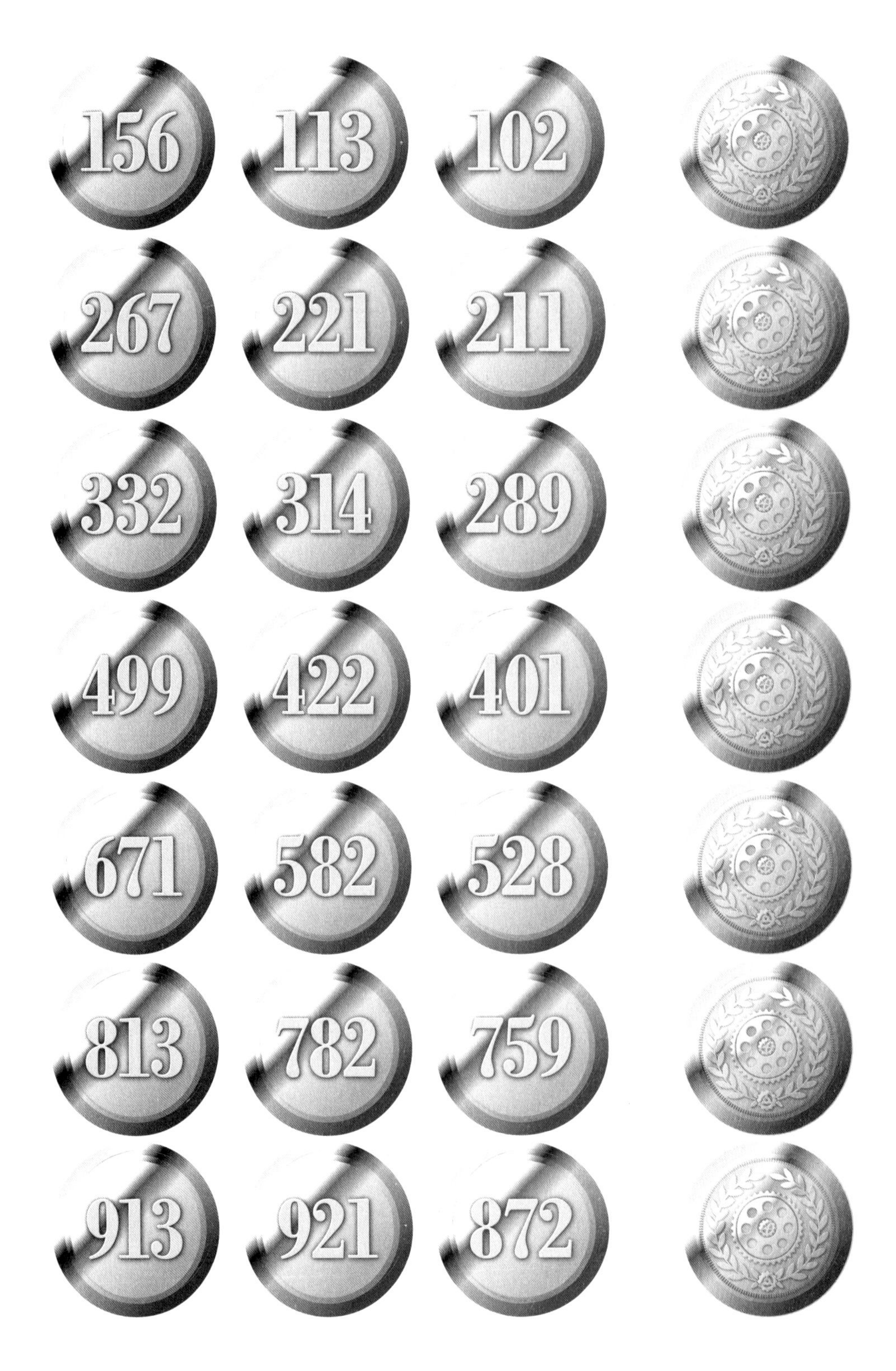

156
113
102
267
221
211
332
314
289
499
422
401
671
582
528
813
782
759
913
921
872

魔术卡片（在第 51 页・第 5 关的谜题中使用）需要使用 36 个，另外 4 个备用

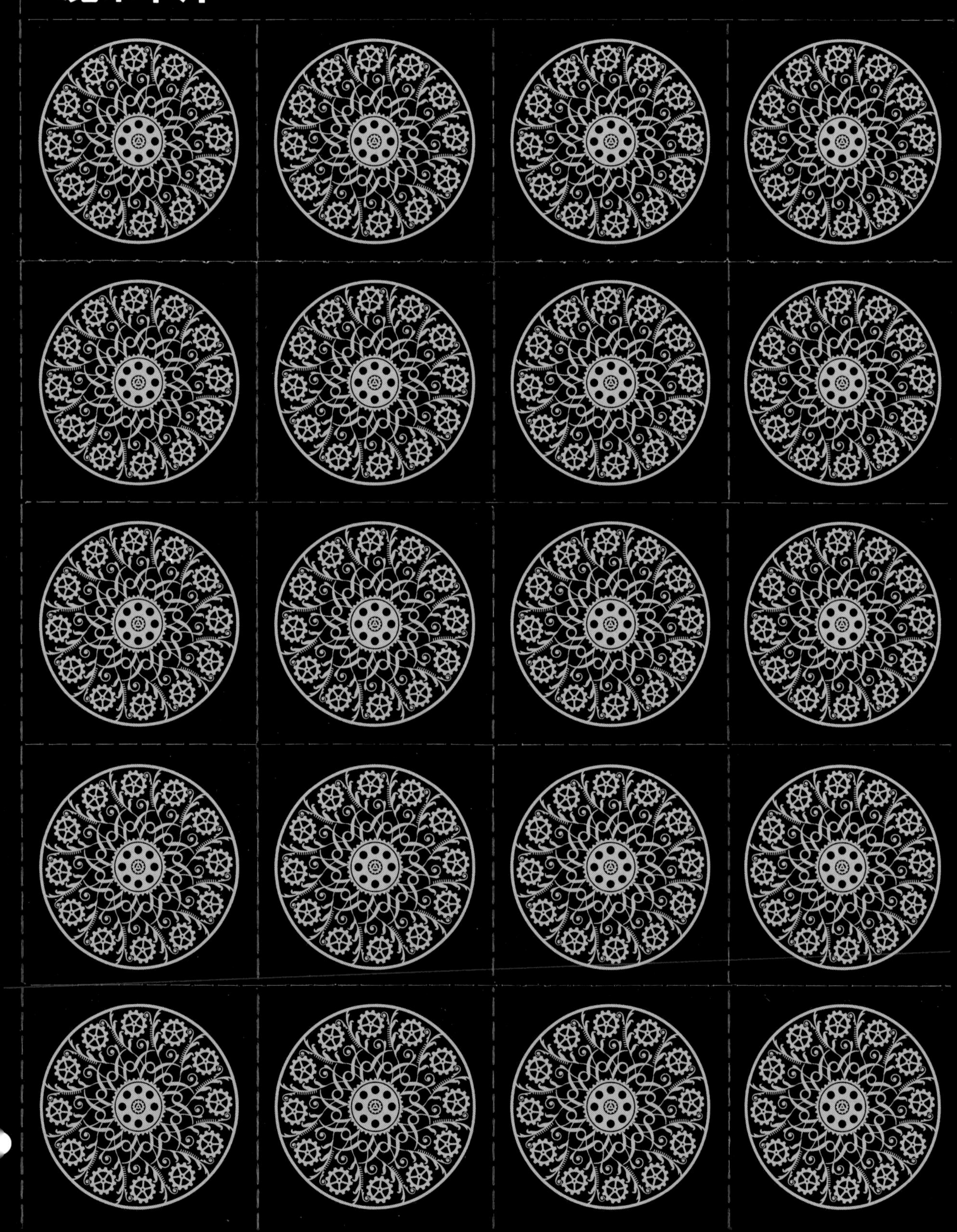

魔术卡片（在第 51 页 · 第 5 关的谜题中使用）需要使用 36 个，另外 4 个备用

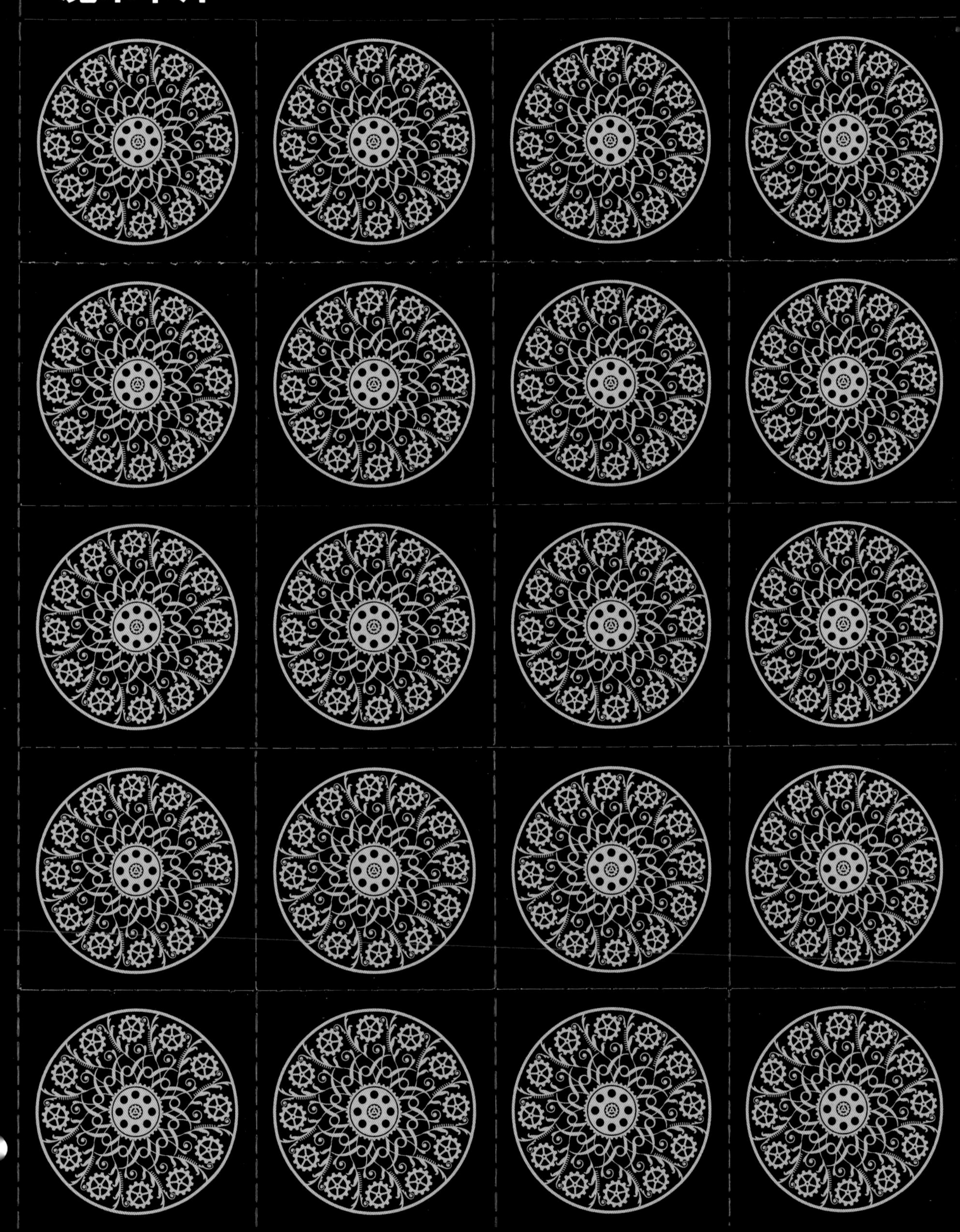

鲱鱼卡片（在第 22 页 · 第 2 关的谜题中使用）

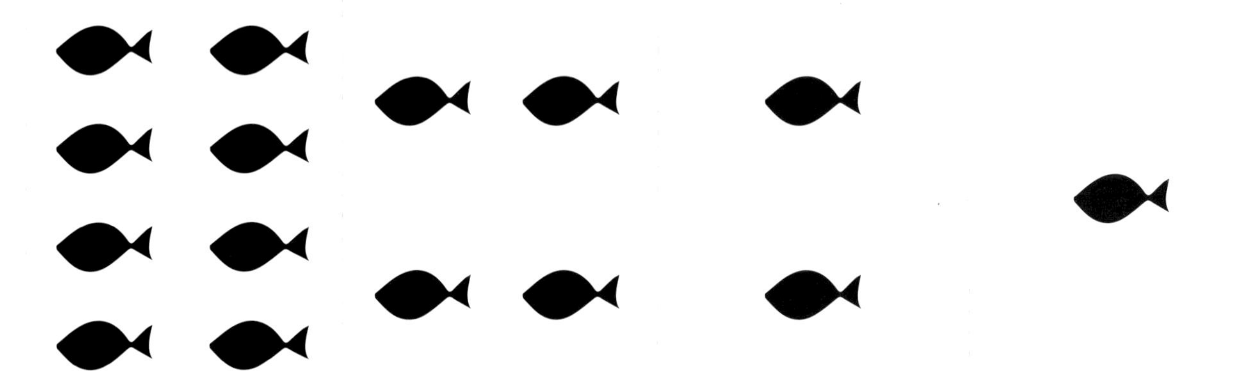